石油化工安装工程技能操作人员技术问答丛书

# 电 焊 工

丛 书 主 编　吴忠宪
本 册 主 编　董克学
本册执行主编　宋纯民

中国石化出版社

**图书在版编目（CIP）数据**

电焊工／董克学主编. —北京：中国石化出版社，2018.1

（石油化工安装工程技能操作人员技术问答丛书）
ISBN 978 - 7 - 5114 - 4744 - 9

Ⅰ. ①电… Ⅱ. ①董… Ⅲ. ①电焊-基本知识 Ⅳ.
①TG443

中国版本图书馆 CIP 数据核字（2017）第 293567 号

**中国石化出版社出版发行**
地址：北京市朝阳区吉市口路 9 号
邮编：100020　电话：(010)59964500
发行部电话：(010)59964526
http://www.sinopec-press.com
E-mail：press@sinopec.com
北京科信印刷有限公司印刷
全国各地新华书店经销
＊
880×1230 毫米 32 开本 8.625 印张 187 千字
2018 年 8 月第 1 版　2018 年 8 月第 1 次印刷
定价：35.00 元

# 序　一

　　《石油化工安装工程技能操作人员技术问答丛书》（以下简称《丛书》）就要正式出版了，这是继《设计常见问题手册》出版后炼化工程在"三基"工作方面完成的又一项重要工作。

　　《丛书》图文并茂，采用问答的形式对工程建设过程的工序和技术要求进行了诠释，充分体现了实用性、准确性和先进性的结合，对安装工程技能操作人员学习掌握基础理论、增强安全质量意识、提高操作技能、解决实际问题、全面提高施工安装的水平和工程建设降本增效一定会发挥重要的作用。

　　我相信，这套《丛书》一定会成为行业培训的优秀教材并运用到工程建设的实践，同时得到广大读者的认可和喜爱。在《丛书》出版之际，谨向《丛书》作者和专家同志们表示衷心的感谢！

中国石油化工集团公司副总经理

中石化炼化工程（集团）股份有限公司董事长

2018 年 5 月 16 日

# 序 二

近年来，随着石油化工行业的高速发展，工程建设的项目管理理念、方法日趋完善；装备机械化、管理信息化程度快速提升；新工艺、新技术、新材料不断得到应用；为工程建设的安全、质量和降本增效提供了保障。基于石油化工安装工程是一个劳动密集型行业，劳动力资源正处在向社会化过渡阶段，工程建设行业面临系统内的员工教培体系弱化，社会培训体系尚未完全建立，急需解决普及、持续提高参与工程建设者的基础知识、基本技能的问题。为此，我们组织编制了《石油化工安装工程技能操作人员技术问答丛书》（以下简称《丛书》），旨在满足行业内初、中级工系统学习和提高操作技能的需求。

《丛书》包括专业施工操作技能和施工技术质量两个方面的内容，将如何解决施工过程中出现的"低老坏"质量问题作为重点。操作技能方面内容编制组织技师群体参与，技术质量方面内容主要由技术质量人员完成，涵盖最新技术规范规程、标准图集、施工手册的相关要求。

《丛书》从策划到出版，近两年的时间，百余位有着较深理论水平和现场丰富经验的专家做出了极大努力，查阅大量资料，克服各种困难，伏案整理写作，反复修改文稿，终成这套《丛书》，集公司专家最佳工作实践之大成。通过《丛书》的使用提高技能，更好地完成工作，是对他们最好的感谢。

在《丛书》出版之际，我代表编委会向参编的各位专家、向所有为《丛书》提供相关资料和支持的单位和同志们表示衷心的感谢！

中石化炼化工程（集团）股份有限公司副总经理

《丛书》编委会主任

2018 年 5 月 16 日

# 前　　言

　　石油化工生产过程具有"高温高压、易燃易爆、有毒有害"的特点，要实现"安、稳、长、满、优"运行，确保安装工程的施工质量是重要前提。"施工的质量就是用户的安全"应成为石油化工安装工程遵循的基本理念。

　　"工欲善其事，必先利其器"。要提高石油化工安装工程质量，首先要提高安装工程技能操作人员队伍的素质。当前，面临分包工程比重日益上升的现状，为数众多的初、中级工的培训迫在眉睫，而国内现有出版的石油化工安装工人培训书籍或者侧重于理论知识，或者侧重于技师等较高技能工人群体，尚未见到系统性的、主要针对初、中级工的专业培训书籍。为此，中石化炼化工程（集团）股份有限公司策划和组织专家编写了《石油化工安装工程技能操作人员技术问答丛书》，希望通过本丛书的学习和应用，能推动石油化工安装技能操作人员素质的提升，从而提高施工质量和效率，降低安全风险和成本，造福于海内外石油化工施工企业、石化用户和社会。

　　丛书遵循与现行国家标准规范协调一致、实用、先进的原则，以施工现场的经验为基础，突出实际操作技能，适当结合理论知识的学习，采用技术问答的形式，将施工现场的"低老坏"质量问题如何解决作为重点内容，同时提出专业施工的 HSSE 要求，适用于石油化工安装工程技能操作人员，尤其是初、中级工学习使用，也可作为施工技术人员进行技术培训所用。

　　丛书分为九卷，涵盖了石油化工安装工程管工、金属结构制作工、电焊工、钳工、电气安装工、仪表安装工、起重工、油漆工、保温工等九个主要工种。每个工种的内容根据各自工种特点，均包括以下四个部分：

　　第一篇，基础知识。包括专业术语、识图、工机具等概念，强调该工种应掌握的基础知识。

第二篇，基本技能。按专业施工工序及作业类型展开，强调该工种实际的工作操作要点。

第三篇，质量控制。尽量采用图文并茂形式，列举该工种常见的质量问题，强调问题的状况描述、成因分析和整改措施。

第四篇，安全知识。强调专业施工安全要求及与该工种相关的通用安全要求。

《石油化工安装工程技能操作人员技术问答丛书》由中石化炼化工程（集团）股份有限公司牵头组织，《管工》和《金属结构制作工》由中石化宁波工程有限公司编写，《电气安装工》由中石化南京工程有限公司编写，《仪表安装工》《保温工》和《油漆工》由中石化第四建设有限公司编写，《钳工》由中石化第五建设有限公司编写，《起重工》和《电焊工》由中石化第十建设有限公司编写，中国石化出版社对本丛书的编辑和出版工作给予了大力支持和指导，在此谨表谢意。

石油化工安装工程涉及面广，技术性强，由于我们水平和经验有限，书中难免存在疏漏和不妥之处，热忱希望广大读者提出宝贵意见。

丛书主编 吴忠亮

2018 年 5 月 16 日

# 《石油化工安装工程技能操作人员技术问答丛书》
## 编 委 会

主 任 委 员：戚国胜　中石化炼化工程（集团）股份有限公司副总经理 教授级高级工程师

副主任委员：吴忠宪　中石化第十建设有限公司党委书记兼副总经理 教授级高级工程师

肖雪军　中石化炼化工程（集团）股份有限公司副总工程师兼技术部总经理 教授级高级工程师

孙秀环　中石化第四建设有限公司副总工程师 教授级高级工程师

委　　　员：（以姓氏笔画为序）

亢万忠　中石化宁波工程有限公司副总经理 教授级高级工程师

王永红　中石化第五建设有限公司技术部主任 高级工程师

王树华　中石化南京工程有限公司副总经理 教授级高级工程师

孙桂宏　中石化南京工程有限公司技术部副主任 高级工程师

刘小平　中石化宁波工程有限公司 高级工程师

李永红　中石化宁波工程有限公司副总工程师兼技
　　　　术部主任 教授级高级工程师

宋纯民　中石化第十建设有限公司技术质量部副
　　　　部长 高级工程师

肖珍平　中石化宁波工程有限公司副总经理 教授级
　　　　高级工程师

张永明　中石化第五建设有限公司技术部副主任 高
　　　　级工程师

张宝杰　中石化第四建设有限公司副总经理 教授级
　　　　高级工程师

杨新和　中石化第四建设有限公司技术部副主任 高
　　　　级工程师

赵喜平　中石化第十建设有限公司副总工程师兼技
　　　　术质量部部长 教授级高级工程师

南亚林　中石化第五建设有限公司总工程师 高级工
　　　　程师

高宏岩　中石化炼化工程（集团）股份有限公司
　　　　高级工程师

董克学　中石化第十建设有限公司副总经理 教授级
　　　　高级工程师

# 《石油化工安装工程技能操作人员技术问答丛书》

主　　编：吴忠宪　中石化第十建设有限公司党委书记兼副总经理 教授级高级工程师

副 主 编：刘小平　中石化宁波工程有限公司 高级工程师

孙桂宏　中石化南京工程有限公司技术部副主任 高级工程师

杨新和　中石化第四建设有限公司技术部副主任 高级工程师

王永红　中石化第五建设有限公司技术部主任 高级工程师

赵喜平　中石化第十建设有限公司副总工程师兼技术质量部部长 教授级高级工程师

高宏岩　中石化炼化工程（集团）股份有限公司 高级工程师

# 《电焊工》分册编写组

主　　编：董克学　中石化第十建设有限公司副总经理　教授级
　　　　　高级工程师

执 行 主 编：宋纯民　中石化第十建设有限公司技术质量部副
　　　　　部长　高级工程师

副 主 编：唐元生　中石化第十建设有限公司　焊接首席技师

编 写 人 员：杨永强　中石化第十建设有限公司　焊接工程师
　　　　　张胜男　中石化第十建设有限公司　焊接工程师
　　　　　赵新军　中石化第十建设有限公司　焊接主任技师
　　　　　王传友　中石化第十建设有限公司　焊接主任技师
　　　　　肖　新　中石化第十建设有限公司　焊接高级技师
　　　　　马志才　中石化第十建设有限公司　焊接高级技师
　　　　　路　滨　中石化第十建设有限公司　焊接高级技师
　　　　　陈茂斌　中石化第十建设有限公司　高级工程师
　　　　　李雪梅　中石化第四建设有限公司　高级工程师
　　　　　张桂红　中石化第十建设有限公司　高级工程师

# 目　　录

## 第一篇　基础知识

# 第二篇　基本技能

# 第四篇　安全管理

# 第一篇　基础知识

# 第一章 焊接常识

## 第一节 常用术语

### 1. 什么是焊接？

两种或两种以上材质（同种或异种），通过加热或加压或二者并用，用或不用填充材料，来达到原子之间的结合而形成永久性连接的工艺过程叫焊接。

石油化工建设中焊接工艺常应用于容器、设备、管道、结构的施工中。其中主要为熔焊方法。

### 2. 什么是熔焊？

所谓熔焊，是指焊接过程中，将连接处的金属在高温等的作用下至熔化状态而完成的焊接方法，可形成牢固的焊接接头和焊缝。

日常施工中的焊条焊、氩弧焊、熔化极气保焊（见图1-1-1）、埋弧焊等都是熔焊的一种。

### 3. 什么是压焊？

压焊是指利用焊接时施加一定压力而完成焊接的方法，压焊又称压力焊。锻焊、接触焊、摩擦焊、气压焊、冷压焊、爆炸焊等都属于压焊范畴。

图1-1-1　熔焊——熔化极气保焊

施工现场的钢筋连接的闪光对焊就是压焊的一种。压焊的焊接原理如图1-1-2所示，压焊设备如图1-1-3所示。

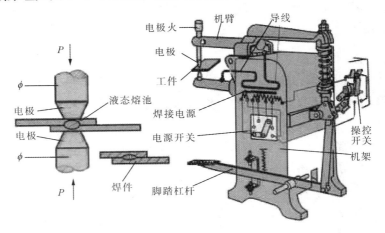

图1-1-2　压焊的焊接原理

(a) 点状压焊机　　　　　　　　　(b) 连续压焊机

图 1-1-3　压焊设备形式

## 4. 什么是钎焊?

钎焊是采用比母材熔点低的金属材料作钎料,将焊件和钎料加热到高于钎料熔点、低于母材熔化的温度,利用液态钎料润湿母材,填充接头间隙并与母材相互扩散实现连接焊件的方法。钎焊变形小,接头光滑美观,适合于焊接精密、复杂和由不同材料组成的构件,如蜂窝结构板、透平叶片、硬质合金刀具和印刷电路板等。

钎焊工艺如图 1-1-4 所示。

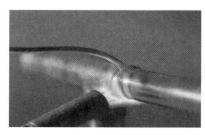

(a)火焰钎焊　　　　　　　　　(b)电路板钎焊

图 1-1-4　各种形式的钎焊工艺

## 5. 什么是熔滴?

焊接材料(焊丝或焊条)端部受热后熔化,并向熔池过渡的液态金属滴叫做熔滴。熔滴产生的原理如图1-1-5所示。

因电弧过渡形式不同,熔滴及过渡的形式也不同。如短路电弧过渡时,熔滴为粗滴;脉冲电弧过渡时,熔滴为细颗粒组成的喷射状射流熔滴。

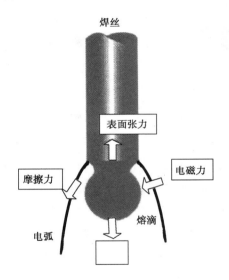

图1-1-5 熔滴产生原理

## 6. 什么是熔池?

熔焊时焊件上(坡口内)所形成的具有一定几何形状的液态金属部分叫做熔池,如图1-1-6所示。一般由焊材形成的熔滴和熔化的母材金属组成。

电焊工操作过程中,主要依靠控制熔池温度和形状来得到满意的焊缝成型。

同时,焊接方法不同,熔池的温度、形状等也有不同。焊工在控制熔池时，需在了解焊接方法和熔池特性的前提下，方可有效控制熔池和焊缝成型及质量。

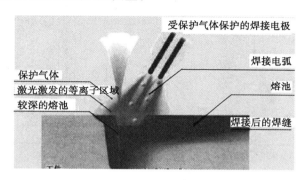

图 1-1-6　焊接熔池

### 7. 什么是电弧挺度？

电弧挺度是指电弧在热收缩和磁收缩等效应的作用下，沿电极轴向挺直的程度。电弧挺度在焊接操作过程中较为重要，直接影响到焊接时的熔池"熔深"以及与母材的熔合能力，与焊缝的力学性能密切相关。

### 8. 什么是电弧偏吹？

在焊接过程中，因气流的干扰、磁场的作用或焊条偏心的影响，使电弧中心偏离电极轴线的现象称为电弧偏吹（见图 1-1-7）。

电弧偏吹在日常焊接过程中很常见，严重的甚至不能形成熔池，造成严重缺陷。电弧偏吹要结合产生偏吹的原因进行克服和预防，如采取更换偏心焊条、调整地线的位置、调整焊条角度等措施。

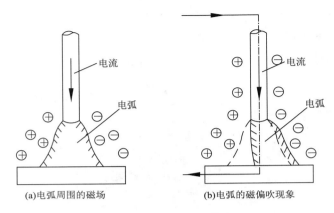

(a)电弧周围的磁场　　　(b)电弧的磁偏吹现象

图 1-1-7　电弧磁偏吹

## 9. 什么是焊接工艺参数?

焊接工艺参数是指焊接时为保证焊接质量而选定的诸物理量(如焊接电流、电弧电压、焊接速度、线能量等)的总称。

焊条焊、氩弧焊电源焊接时一般只需要调整焊接电流即可,电压由电源自主调节。

熔化极气保焊、埋弧焊电源焊接时一般要进行电流、电压的调节。

## 10. 什么是直流正接法?

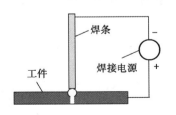

图 1-1-8　焊接电源的直流正接法

直流电弧焊时,焊件接电焊机输出端的正极,焊枪(焊钳)接输出端的负极的接线法叫"正接法",也称正极性(见图 1-1-8)。常规钨极氩弧焊一般采用直流正接法。

## 11. 什么是直流反接法？

直流电弧焊时，焊件接电焊机输出端的负极，焊枪（焊钳）接输出端的正极的接线法叫"反接法"，也称反极性，如图1-1-9所示。

现场施工常用的碱性焊条（J507、J427等）、碳弧气刨、$CO_2$焊接均用反接法。

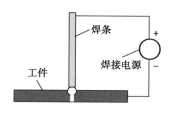

图1-1-9 焊接电源的直流反接法

## 12. 什么是焊接电流？

焊接电流是指焊接时流经焊接回路的电流，一般用安培（A）表示。它是焊工焊接过程中最主要的焊接工艺参数。焊接电流一般在焊接过程中影响熔池熔深。

## 13. 什么是电弧电压？

电弧电压是指电弧两端（两电极）之间的电压降，一般用伏特（V）表示。它是焊工焊接过程中最主要的焊接工艺参数。电弧电压一般在焊接过程中影响熔池熔宽。

## 14. 什么是焊接速度？

焊接速度是指单位时间内完成焊缝的长度，一般用厘米/分钟（cm/min）表示。

## 15. 什么是干伸长度？

干伸长度是指熔化极焊接（如熔化极气保焊、埋弧焊等）时，焊丝端头距导电嘴端部（不是喷嘴）的距离。熔化极气保焊时一般干伸长度为焊丝直径的10~15倍。电流和干伸长度的关系如图1-1-10所示。

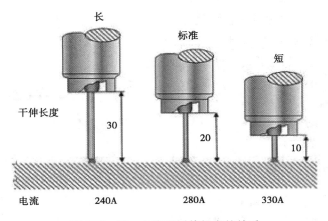

图1-1-10　电流和干伸长度的关系

### 16. 什么是焊接线能量？

熔焊时，由焊接热源输入给单位长度焊缝上的能量称为线能量，亦称"热输入"。一般用焦耳/厘米（J/cm）表示。

焊接线能量是焊接接头的重要焊接工艺参数，它的大小是否合理直接影响着焊接接头的质量。焊接线能量较大，容易造成焊缝晶粒粗大，形成热裂纹；线能量较小，容易造成焊接夹渣、未熔合等缺陷。

### 17. 什么是焊缝金属的熔合比？

熔焊时，被熔化的母材部分在焊缝金属中所占的比例称为熔合比。在异种钢焊缝中，一般要求在保证熔深的前提下，应尽量减小焊缝的熔合比。

### 18. 什么是左向焊法？

左向焊法是指焊接热源从接头右端向左端移动，并指向待焊部分的操作法（见图1-1-11）。

$CO_2$、TIG、气焊焊接一般采用左向焊法。

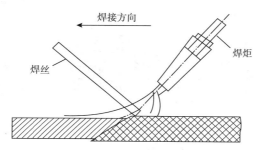

图 1-1-11 左向焊法

## 19. 什么是右向焊法？

右向焊法是指焊接热源从接头左端向右端移动，并指向已焊部分的操作法（见图 1-1-12）。

焊条焊一般采用右向焊法。

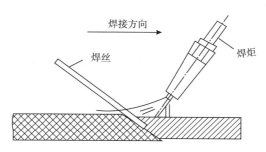

图 1-1-12 右向焊法

## 20. 什么是焊缝成形系数？

熔焊时，在单道焊缝横截面上焊缝宽度与焊缝计算厚度之比值，称为焊缝成形系数。焊缝成形系数较大，容易出现热裂纹，且浪费焊接材料；焊缝成形系数较小，则焊缝窄而深，焊缝中容易产生气孔、夹渣和未焊透、未熔合（见图 1-1-13）。

(a) 焊缝成形系数大　　　　　　　　　　(b) 焊缝成形系数小

图 1-1-13　焊缝成形系数

# 第二节　焊接识图

## 1. 焊接接头的基本形式有哪些?

焊接接头形式分为对接接头、T 形接头、十字接头、搭接接头、角接接头、端接接头、套管接头、斜对接接头、卷边接头、锁底接头、槽接接头、塞焊搭接接头，共 12 种(见图 1-1-14)。

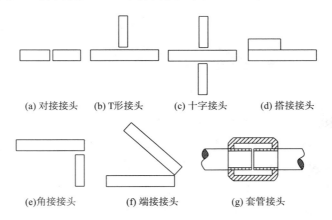

(a) 对接接头　　(b) T形接头　　(c) 十字接头　　(d) 搭接接头

(e)角接接头　　　(f) 端接接头　　　　(g) 套管接头

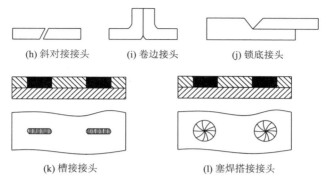

(h) 斜对接接头　　　(i) 卷边接头　　　(j) 锁底接头

(k) 槽接接头　　　　　　　(l) 塞焊搭接接头

图 1-1-14　各种焊接接头形式

## 2. 焊接接头的特点有哪些?

　　焊缝金属是由焊接填充材料及部分母材金属,经过高温热源熔化后,冷却凝固的冶金组织。它是从母材开始,垂直于等温线方向结晶长大的,其组织与化学成分都不同于母材。近缝区受热循环和热塑性变形循环的影响,组织和性能也都有所改变,尤其是熔合线上的组织和性能的改变更为明显。因此,焊接接头是一个成分、组织和性能不均匀体(见图 1-1-15)。

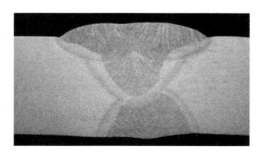

图 1-1-15　焊接接头

## 3. 什么是坡口?

根据设计或工艺需要, 在焊件的待焊部位加工成一定几何形状的沟槽, 叫坡口。主要的坡口形式有 I 形、V 形、X 形、K 形和 U 形等(见图 1-1-16)。

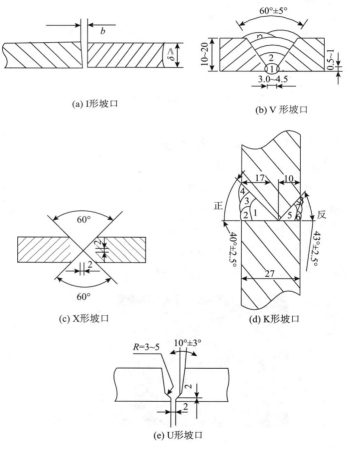

图 1-1-16　各种坡口形式

## 4. 坡口尺寸有哪些?

坡口尺寸主要有坡口角度、坡口间隙、钝边等(见图 1-1-17)。

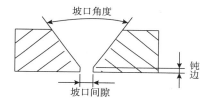

图 1-1-17　坡口尺寸示意图

## 5. 什么是焊缝?

焊件经焊接后所形成的结合部分叫焊缝,焊缝是构成焊接接头的主体部分(见图 1-1-18)。

图 1-1-18　各种焊缝

## 6. 焊缝有哪几种形式?

焊缝形式分为对接焊缝、角焊缝、端接焊缝、槽焊缝、塞焊缝,共 5 种(见图 1-1-19)。

(a) 对接焊缝　　　　(b) 角焊缝　　　　(c) 端接焊缝

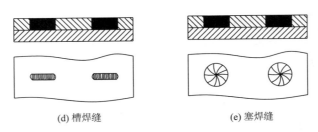

(d) 槽焊缝　　　　　　　　(e) 塞焊缝

图 1－1－19　焊缝的几种形式

## 7. 什么是焊接位置？有几种形式？

焊接位置是指熔焊时，焊件焊缝所处的空间位置。板材对接焊缝有平焊(1G)、立焊(3G)、横焊(2G)和仰焊(4G)等形式(见图 1－1－20)；管材对接焊缝有水平固定(5G)、垂直固定(2G)、45°固定(6G)等形式(见图 1－1－21)。

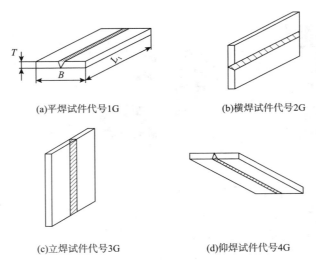

(a)平焊试件代号1G　　　　　　(b)横焊试件代号2G

(c)立焊试件代号3G　　　　　　(d)仰焊试件代号4G

图 1－1－20　板材对接焊缝试件位置示意图

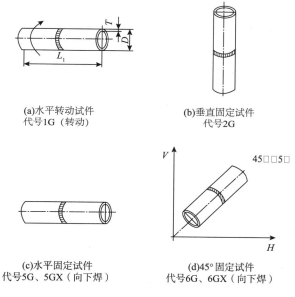

(a)水平转动试件
代号1G（转动）

(b)垂直固定试件
代号2G

(c)水平固定试件
代号5G、5GX（向下焊）

(d)45°固定试件
代号6G、6GX（向下焊）

图1-1-21　管材对接焊缝试件位置示意图

# 第三节　施工工具

## 1. 电焊工焊接施工时常使用的工具有哪些？

电焊工施工现场焊接施工时，常用工具有电焊帽、手套、砂轮机、扳手、锤子、钳子、螺丝刀、水平尺、检测尺、手电等（见图1-1-22）。

(a) 电焊帽、手套、砂轮机、内磨机

(b) 扳手、钳子、锤子、钢丝刷、螺丝刀、水平、检测尺、手电等

图 1-1-22　各种焊接及辅助工具

# 第四节　通用知识

**1. 按焊接过程中金属所处的状态不同，可将焊接方法分为哪几类？**

按焊接过程中金属所处的状态不同，可将焊接方法分为熔化焊、压力焊和钎焊三大类。

**2. 焊接电弧是如何产生的？**

焊接电弧是指由焊接电源供给的具有一定电压的两极间或电

极与母材间，在气体介质中产生的强烈而持久的放电现象（见图1-1-23）。

按电流种类可分为：交流电弧、直流电弧和脉冲电弧。

按电极材料可分为：熔化极电弧和非熔化极电弧。

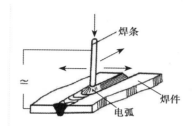

图1-1-23　焊接电弧产生原理

### 3. 为什么电弧长度发生变化时，电弧电压也会发生变化？

这是由弧焊电源的外特性所决定的。电弧越长，电弧电压越高；电弧越短，电弧电压越低。

### 4. 电弧偏吹在焊接过程中有哪些危害？

电弧偏吹现象会引起电弧强烈的摆动甚至发生熄弧，不但使焊接过程发生困难，而且影响了焊缝成型和焊接质量，因此焊接时应防止或尽量减少电弧偏吹现象（见图1-1-24）。

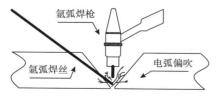

图1-1-24　电弧偏吹

## 5. 造成电弧偏吹的因素有哪些？

造成电弧偏吹的因素有：①焊条偏心度过大；②电弧周围的气流干扰；③焊接环境中的磁场作用。

## 6. 如何克服焊接时电弧偏吹？

改变地线位置、调整焊条角度、适当降低焊接电流、采用交流焊机、检查焊条偏心度等。

## 7. 为什么焊前要对母材表面进行清理？

焊件坡口及表面如果有油(油漆)、水、锈等杂质，熔入焊缝中会产生气孔、夹杂物、夹渣、裂纹等缺陷，给焊接接头带来危害和隐患。

一般标准规范要求，坡口及坡口两端20mm内，焊前砂轮清理至露出金属光泽(见图1-1-25)。

(a) 原始坡口　　　　　　　　　(b) 修磨好坡口

图1-1-25　坡口表面清理

## 8. 为什么说焊接接头是焊接结构中的薄弱环节？

因为焊接接头存在着组织和性能的不均匀性，存在着一些焊接缺陷，存在着较高的拉伸残余应力，所以焊接接头是焊接结构中的薄弱环节。

## 9. 通过什么工艺途径可获得优质的焊接接头？

正确选配焊接材料，采用合理的焊接工艺方法，控制熔合比，调节焊接热循环特征，运用合理的操作方法和坡口设计，辅以预热、层间保温及缓冷、后热等措施，或焊后热处理方法等，可获得优质的焊接接头。

# 第二章　焊接方法

## 第一节　焊条电弧焊

### 1. 什么是焊条电弧焊？

焊条电弧焊是指用手工操作焊条进行焊接的电弧焊方法（见图 1-2-1）。它是目前最为广泛的焊接方法之一。

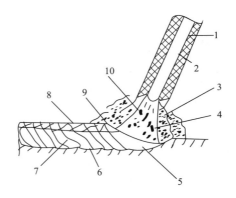

图 1-2-1　焊条电弧焊

1—药皮；2—焊芯；3—保护气；4—电弧；5—熔池
6—母材；7—焊缝；8—渣壳；9—熔渣；10—熔滴

### 2. 焊条电弧焊有哪些优缺点？

优点：①使用的设备比较简单，价格相对便宜并且轻便；

②不需要辅助气体防护；③操作灵活，适应性强；④应用范围广。

缺点：①对焊工操作技能要求高；②劳动条件差；③生产效率低；④不适于特殊金属以及薄板的焊接。

### 3. 焊条电弧焊焊接工艺参数主要包括哪些？

焊条电弧焊焊接工艺参数主要包括：焊条直径、电源的种类和极性、焊接电流、电弧电压、焊接速度、焊接层数等。

焊接参数选择是否正确，直接影响焊缝的形状、尺寸、焊接质量和生产率。因此，选择合适的焊接工艺参数是焊接生产中十分重要的一个问题。

### 4. 焊条直径选择的依据有哪些？

焊条直径选择的依据有：焊件母材类别、焊件的厚度、焊缝位置、焊接层次、接头形式等。

### 5. 焊缝宽度跟焊条直径有什么关系？

低温钢、耐热钢等特材焊接时，为了避免晶粒粗大，出现延迟裂纹等缺陷，需要控制焊接热输入。

经多年施工的焊接经验，通过换算焊条直径和焊道宽度和厚度的比例来控制焊接热输入行之有效。通常要求焊缝宽度不得超过焊条直径的 3~4 倍，焊缝厚度不超过焊条直径的 1~1.5 倍。

### 6. 焊条电弧的引燃方式有哪几种？

焊条电弧根据引燃的方式不同可分为碰击引弧法和划擦引弧法两类（见图 1-2-2）。

碰击引弧法：用电焊条端部在焊件表面点击，然后迅速将焊条提起，使焊条末端与焊件表面保持 2~4mm 的距离，使之产生电弧。

划擦引弧法：将电焊条端部像划火柴一样划擦焊件表面，当焊条端头离开焊件表面 2~4mm 时，便产生了电弧。

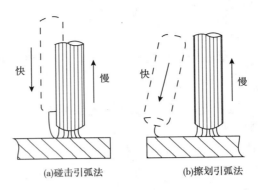

(a)碰击引弧法　　　　(b)擦划引弧法

图 1-2-2　电弧的引燃方法

## 7. 焊条电弧焊焊接电弧由哪几部分组成?

焊接电弧由阴极区、弧柱区和阳极区三部分组成(见图 1-2-3)。

焊条焊接时，阴极区温度为 2400K 左右，放出热量占电弧总热量的 38% 左右；阳极区温度为 2600K 左右，放出热量占电弧总热量的 42% 左右；弧柱区中心温度可达 5000~8000K，放出热量占电弧总热量的 20% 左右。

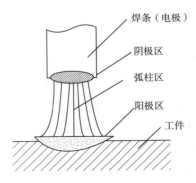

图 1-2-3　焊接电弧的构造

## 8. 焊条电弧焊常用的运条方法有哪些?

焊条电弧焊常用的运条方法有:直线往复运条法、锯齿形运条法、月牙形运条法、斜三角形运条法、正三角形运条法、圆圈形运条法(见图1-2-4)。

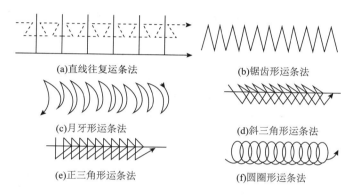

(a)直线往复运条法  (b)锯齿形运条法

(c)月牙形运条法  (d)斜三角形运条法

(e)正三角形运条法  (f)圆圈形运条法

图1-2-4  几种焊条运条方法

## 9. 什么是焊条角度?

焊条角度分为焊条转角度和焊条行走角度(见图1-2-5)。

焊条转角度是指焊接过程中焊条沿焊缝焊接方向的横向角度,焊条转角度一般为90°。

焊条行走角度是指焊接过程中焊条沿焊缝焊接方向的纵向角度,焊条行走角度可根据焊接熔池形状和熔池温度进行随时调整。

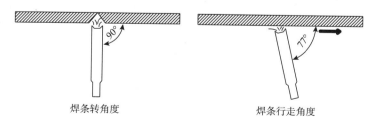

焊条转角度  焊条行走角度

图1-2-5  焊条角度

## 10. 交流与直流焊接电源焊接电弧有什么区别？

交流焊机采用焊条焊时，电弧稳定，不容易产生偏弧，但低氢型药皮焊条、不锈钢焊条焊接时，由于焊条端热量低，容易粘条。

直流焊机适用于不锈钢、碱性焊条的焊接。但焊条焊时，易产生偏弧，导致出现夹渣、气孔等缺陷。

# 第二节 钨极氩弧焊

## 1. 什么是钨极氩弧焊（TIG）焊接？

用钨棒作为电极，利用氩气作为保护气体进行保护的一种气体保护电弧焊方法，简称钨极氩弧焊，英文缩写 GTAW，简称为 TIG 焊（见图 1-2-6）。

石油化工建设施工中，钨极氩弧焊多用于管道的打底焊接、小管径管道的焊接、钛材管道的焊接等。

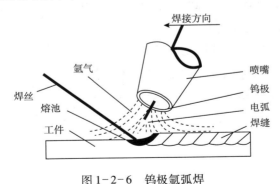

图 1-2-6 钨极氩弧焊

**2. 钨极氩弧焊有哪些优缺点？**

优点：采用惰性气体保护，能获得高质量的焊缝；钨极电弧非常稳定，特别适合于薄板材料焊接；热源和填充焊丝分别控制，可进行全位置焊接，实现单面焊双面成形；焊丝不通过电流，不产生飞溅，焊缝成形美观；合金元素烧损少；明弧焊接，容易控制熔池。

缺点：钨极承载电流能力差，熔深浅、生产率低；氩气较贵，氩弧焊机相对复杂，生产成本较高；氩弧焊受周围气流影响较大，不适宜室外工作；对污染较敏感，要求坡口面、焊丝必须干净。

**3. 钨极氩弧焊机采用直流正接和反接有什么区别？**

采用直流正接时，钨极接负极，温度低，可提高许用电流，同时钨极烧损少；工件接正极，温度较高，适于焊接厚件及散热快的金属；是目前常规焊接工艺，适用于常规碳钢、不锈钢、钛合金、镍合金等的焊接。

采用直流反接时，钨极接正极烧损大，容易造成焊缝夹钨缺陷，所以很少采用。

**4. 钨极氩弧焊工艺参数有哪些？**

钨极氩弧焊的焊接工艺参数有焊接电源种类和钨极直径、焊接电流、电弧电压、氩气流量、焊接速度、喷嘴直径及喷嘴至焊件的距离和钨极伸出长度等。

**5. 钨极氩弧焊有哪几种引弧方法？**

钨极氩弧焊的引弧方法有高频引弧法、擦划接触引弧法和提拉接触引弧法。

（1）高频引弧　将高频振荡器串联或并联在主焊接回路中，在钨极与焊件间发生高频振荡，使惰性气体发生电离而产生电弧。

（2）擦划接触引弧法、提拉接触引弧法 统称为接触引弧法。钨极与焊件短路，提起钨极的瞬间而引燃电弧。目前国外的低压接触引弧技术，无高频，对焊工伤害小，钨极烧损小，已开始广泛推广应用。

### 6. 钨极氩弧焊时钨极端部应磨成什么形状？

焊接碳钢、不锈钢等材料时，采用直流正接，钨极端部磨制成尖头，利于端部电子发射，电弧稳定和电弧热量集中，如图 1-2-7（a）所示。

焊接铝合金时，采用交流钨极氩弧焊，钨极端部磨制成锥形圆头状，焊接时防止钨极端部钨极喷射，而造成焊缝中夹钨缺陷，如图 1-2-7（b）所示。

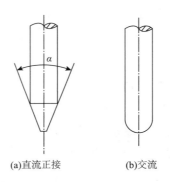

(a)直流正接          (b)交流

图 1-2-7　钨极端部形状

### 7. 焊前检查氩气纯度有何操作技巧？

焊前在试板上进行试焊，焊接时采用不送焊丝"右向焊"，如果焊缝金属表面不光泽、熔池中出现气孔，则验证氩气不能满足焊接要求。

# 第三节　熔化极气保焊

## 1. 什么是熔化极气保焊?

熔化极气体保护焊是在焊丝和母材间产生电弧，用保护气体将焊接区域与空气隔离，电弧产生的高温熔化母材和焊丝，同时送丝机连续送进焊丝，从而连续形成熔池的焊接方法，简称熔化极气保焊(见图1-2-8)。

图1-2-8　熔化极气保焊

## 2. 熔化极气保焊有什么优缺点?

优点：焊接生产率高，比普通的焊条电弧焊高2~4倍；焊接成本低；焊接变形小；易于实现机动化和自动化；高效节能。

缺点：飞溅较多；焊接设备较复杂；可焊材料种类较窄；抗风能力较差。

## 3. 熔化极气保焊正接与反接有何区别?

熔化极气保焊一般采用直流反接，这时电弧稳定，焊接过程平稳，飞溅小。而正接时，在相同的电流下，焊丝熔化速度大大提高，但熔深较浅，余高较大，飞溅很大。

所以，熔化极气保焊一般采用直流反接极性。

### 4. 熔化极气保焊的焊接工艺参数有哪些？

熔化极气保焊的焊接工艺参数主要包括：焊丝直径、焊接电流、电弧电压、焊接速度、焊丝伸出长度、气体成分及电流极性等。焊接工艺参数的选择主要依据焊件材料种类、厚度和焊接位置等。

### 5. 熔化极气保焊焊接电流和电弧电压有什么关系？

熔化极气保焊焊接时，调节焊接电流——即调节焊丝的给送速度；调节电弧电压——即调节焊丝的熔化速度。随着焊接电流的增加，电弧电压也相应加大。

通常电弧电压高时熔深变浅，熔宽明显增加，余高减小，焊缝表面平坦。相反电弧电压低时，熔深变大，焊缝表面变得窄而高。

只有焊丝送进速度和熔化速度合理匹配，电弧才能稳定燃烧，形成焊缝。

### 6. 熔化极气保焊焊接时，焊接电流和电弧电压如何调节？

（1）在焊接电流一定时，电弧电压偏高，焊丝的熔化速度增大，电弧长度增加，熔滴无法正常过渡，一般呈大颗粒飞出，飞溅增多。

（2）在焊接电流一定时，电弧电压偏低，焊丝的熔化速度减小，电弧长度变短，焊丝扎入熔池，出现"扎丝"现象，使焊接无法顺利完成，焊缝成形不良。

（3）焊接电流和电弧电压最佳匹配效果：熔滴过渡频率高，飞溅最小，焊缝成型美观。

### 7. 熔化极气保焊在户外作业应采取哪些防风措施？

熔化极气保焊在户外作业时，当风力 $\leqslant 2$ 级（风速 $1.5 \sim 3.5\text{m/s}$），能够正常焊接；当风力达到 3 级（风速 $3.5 \sim 5.5\text{m/s}$），要采用大气体流量，气体出口压力为 $0.4 \sim 0.5$ MPa，流量为 $60 \sim 70$ L/min，也能够正常焊接，不出现气孔等焊接缺陷。如果在上风口设置挡风板，焊接质量更有保证。

### 8. 什么是 $CO_2$ 气体保护焊？

用 $CO_2$ 气体作为保护气体的熔化极气保焊称为 $CO_2$ 气体保护焊，简称 $CO_2$ 焊（俗称二保焊）。主要应用于碳钢结构的焊接以及常规材料药芯焊丝的焊接（见图 $1-2-9$）。

图 $1-2-9$　施工现场的熔化极气保焊

### 9. $CO_2$ 气体保护焊焊接产生飞溅的原因有哪些？

焊丝端部的熔滴与熔池短路接触（短路过渡），由于强烈过热和磁收缩的作用使熔滴爆断，产生飞溅。

$CO_2$ 气体在高温电弧作用下，分解成为 $CO + O_2$，$O_2$ 与熔池金属中碳和其他合金元素发生反应，产生飞溅。通过调整 $CO_2$ 焊机的输出电抗器和波形控制可以将飞溅降低至最小程度。

### 10. CO₂ 气体使用前为什么要经过预热？

施工现场一般采用瓶装液体 $CO_2$ 气体，液体 $CO_2$ 在汽化过程中会吸收大量热量，严重时会冷冻 $CO_2$ 减压器，所以，$CO_2$ 减压器一般带有预热功能。

### 11. 什么是 MAG 焊接？

用混合气体 75% ~ 95% Ar + 5% ~ 25% $CO_2$（标准配比：80% Ar + 20% $CO_2$）作保护气体的熔化极气体保护焊称为 MAG 焊。

主要用于一些合金材料实心焊丝及药芯焊丝的焊接。

### 12. 什么是 MIG 焊接？

用混合气体 ≥ 98% Ar(He) + 其他氧化性气体（$CO_2$ 或 $O_2$）作保护气体的熔化极气体保护焊，称为 MIG 焊。

例如：用 98% Ar + 2% $O_2$ 作保护气体的熔化极气体保护焊接实心不锈钢焊丝的工艺方法，用 He + Ar 混合气体作保护的熔化极气体保护焊，都称为 MIG 焊。

## 第四节  埋弧焊

### 1. 什么是埋弧焊？

埋弧焊是一种在颗粒状焊剂层下燃烧的机动电弧焊接方法。焊接时在焊接部位覆盖一层焊剂，作为电极的焊丝通电形成电弧，电弧的辐射热使焊丝末端周围的焊剂熔化，形成液态熔渣和保护气体，对熔池进行保护和过渡合金，电弧向前移动，焊接熔池冷却形成焊缝（见图 1-2-10）。

埋弧焊是目前石油化工建设中，焊接效率较高的焊接方法。主要用于钢结构、管道、储罐等焊接施工。

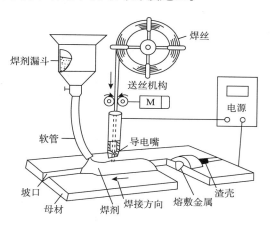

图 1-2-10　埋弧焊原理

### 2. 埋弧焊有哪些优缺点？

优点：生产效率高；焊接质量好；劳动条件好；抗风能力强。

缺点：只适用于平焊、平角焊、横焊位置的焊接；焊接时不能直接观察电弧与坡口的相对位置；不适宜薄件焊接。

### 3. 埋弧焊的主要焊接工艺参数有哪些？

埋弧焊的主要焊接工艺参数有焊接电流、电弧电压、焊接速度、焊丝直径、焊丝伸出长度、焊剂粒度和焊剂层堆高等。所有这些参数，对焊缝成型和焊接质量都有不同程度的影响。

### 4. 埋弧焊焊接参数对焊接的影响有哪些？

焊接电流是埋弧焊最重要的焊接参数，它决定焊丝熔化速度、熔深和母材熔化量。在其他条件不变时，熔深与焊接电流变化成正比，即电流增加，熔深增加。电流小，熔深浅，余高和宽度不足，容易产生未焊透，电弧稳定性也差；电流过大，熔深大，余高过大，容易产生咬边或成型不良，使热影响区增大，甚至造成烧穿，易产生热裂纹。

电弧电压影响熔深、熔宽和焊剂消耗量。电弧电压增大，熔深浅、熔宽增大、焊剂消耗量增高，反之亦反。

焊接速度增大，熔深减小、焊厚减小、熔宽窄，反之亦反。

# 第五节　气电立焊

## 1. 什么是气电立焊?

气电立焊是指钢板立焊时，在接头两侧使用固定式或移动式冷却块保持熔池形状，强制焊缝成形的一种电弧焊，通常采用 $CO_2$ 气保护熔池。目前主要应用于大型储罐的立缝焊接，板厚 $\delta = 21mm$ 以下可一次成型(见图 1-2-11)。

图 1-2-11　施工现场的气电立焊

**2. 气电立焊有哪些优缺点?**

优点:焊接生产率高,比普通的手弧焊高 10 倍以上;工艺过程稳定;操作简便;焊缝质量优良。

缺点:只适用于立焊位置;焊接设备较复杂;可焊材料种类较少。

**3. 气电立焊对坡口形式、每层道焊接厚度有什么要求?**

当板厚小于 12mm 时,可采用 I 形坡口,一次连续焊接完成;板厚大于 21mm,宜采用 X 形坡口,每层道厚度不宜超过 21mm。

**4. 气电立焊一般采用什么极性?**

一般采用直流反接极性。

**5. 气电立焊的焊丝直径有什么要求?**

目前气电立焊只有 $\phi 1.2mm/\phi 1.6mm$ 直径气保焊焊丝,一般采用 $\phi 1.6mm$ 直径气保焊焊丝,暂时没有其他直径焊丝可以提供给焊接。

**6. 气电立焊有哪些主要焊接参数?**

气电立焊的主要焊接参数有焊接电流、焊接电压、保护气体流量、焊枪摆动幅度及频率、小车行走速度等。

# 第三章　切割方法

## 第一节　等离子切割

### 1. 什么是等离子弧切割？

等离子切割是指利用高温等离子电弧的热量，使工件切口处的金属局部熔化（蒸发），并借助高压气流排除熔融金属以形成切口的一种加工方法（见图1-3-1）。目前已广泛应用于石油化工建设施工中。

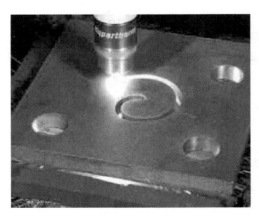

图1-3-1　等离子切割

## 2. 等离子弧切割有哪些特点?

由于等离子弧能量集中，温度高，具有很大的机械冲击力，并且电弧稳定，因而等离子弧切割具有以下特点:

(1)等离子弧可以切割任何金属，如不锈钢、耐热钢、钛、钼、钨、铜、铝及其他合金:

(2)可以切割各种非金属材料，采用非转移型电弧时，由于工件不接电，所以在这种情况下能切割各种非导电材料，如耐火砖、混凝土、花岗岩、碳化硅等。

(3)在目前采用的各种切割方法中，等离子弧切割的速度比较快，生产率比较高。

(4)切割质量高，等离子弧切割时，能得到比较狭窄、光洁、整齐、无黏渣、接近于垂直的切口，而且切口的变形和热影响区较小，其硬度变化不大。

## 3. 等离子弧切割有哪些工艺参数?

等离子弧切割的主要工艺参数为空载电压、切割电流和工作电压、气体流量、切割速度、喷嘴到工件距离、钨极端部到喷嘴距离等。

# 第二节　火焰切割

## 1. 什么是火焰切割?

火焰切割是指利用可燃气体加上氧气混合燃烧的火焰，将金属加热到燃烧点，然后加大氧气以便将金属吹开，加热、燃烧、吹渣过程连续进行，并随着割炬的移动而形成割缝(见图1-3-2)。火焰切割是石油化工建设中较为普遍的切割方法。

传统的是使用乙炔气、氧气切割，后来用丙烷、氧气，现在出现了天然气、氧气切割。由于天然气储量丰富、价格便宜、无污染等特性，已经成为火焰切割的首选。

图1-3-2　火焰切割

## 2. 火焰切割火焰有哪些类型？

氧乙炔火焰根据氧和乙炔混合比的不同，可分为氧化焰、中性焰(正常焰)、碳化焰(还原焰)三种类型(见图1-3-3)。

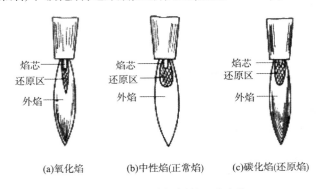

(a)氧化焰　　　(b)中性焰(正常焰)　　　(c)碳化焰(还原焰)

图1-3-3　火焰切割的几种火焰

### 3. 火焰切割主要用于哪些材料切割？

目前，火焰切割主要用于各种碳钢和低合金钢的切割。

### 4. 火焰切割有哪些主要参数？

火焰切割的主要参数有切割氧压力、气割速度、火焰能率、割嘴与割件间的距离、倾斜角度等。

氧气切割的过程是预热－燃烧－吹渣的过程。要求金属在氧气中的燃烧点低于熔点，如低碳钢的燃点约为1350℃，而熔点约为1500℃，它满足了这个条件，所以低碳钢具有良好的切割性能。而铜、铝及铸铁的燃点比熔点高，所以不能用普通的氧气切割。

### 5. 瓶装氧气和乙炔的压力、容量分别是多少？

工业常用氧气瓶的容积为40L，满瓶工作压力为15MPa；每瓶乙炔净重约5~7kg，折合标准状态下气体乙炔6m³。

## 第三节　碳弧气刨

### 1. 什么是碳弧气刨？

碳弧气刨是指使用碳棒作为电极，与工件间产生电弧，用压缩空气（压力为0.5~0.7MPa）将熔化金属吹除的一种表面加工的方法（见图1－3－4）。常用来焊缝清根、刨坡口、返修缺陷等。

图1-3-4 碳弧气刨

## 2. 碳弧气刨用碳棒有哪些特点?

导电性能好、耐高温、损耗少、不易断裂、灰分少、成本低。一般情况下,碳棒多用镀铜炭精棒,镀铜后碳棒的导电性能得到提高(见图1-3-5)。

图1-3-5 碳棒

### 3. 碳弧气刨有哪些工艺参数?

碳弧气刨的工艺参数有极性、碳棒直径及电流、刨削速度、压缩空气压力、电弧长度、碳棒伸出长度、碳棒倾角等(见图1-3-6)。

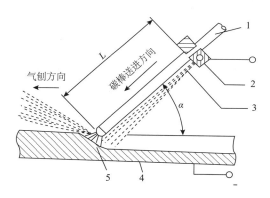

图1-3-6　碳弧气刨参数

1—碳棒;2—气刨枪夹头;3—压缩空气;

4—工件;5—电弧;L—碳棒外伸长;α—碳棒与工件夹角

### 4. 碳弧气刨的碳棒伸出长度对气刨有什么影响?

碳棒从钳口到电弧端部的长度为伸出长度。伸出长度越长,空气吹到熔池的吹力越小,不能将熔化金属顺利吹掉,同时碳棒的电阻越大,烧损越快;但伸出长度太短会造成操作不便。操作时,碳棒较为合适的伸出长度为80~100mm,当烧损20~30mm时就要进行调整。

# 第四章　焊接及切割设备

## 第一节　焊接电源常识

### 1. 什么是焊接电源？

供给焊接所需的电能，并具有适宜于焊接电特性的设备称为焊接电源。

### 2. 焊接电源的空载电压一般是多少？

从容易引弧的角度来看，空载电压越高，引弧就越方便，但考虑到过高的空载电压危及焊工的安全，因此必须限制过高的空载电压。一般要求：

交流焊机：焊条电弧焊 55～70V；埋弧焊机 70～90V。

直流焊机：焊条电弧焊 45～70V；埋弧焊 60～90V。

### 3. 焊接电源铭牌上的主要参数有哪些？

焊接电源铭牌上的主要参数有负载持续率、额定焊接电流、一次电压、功率等。焊接电源铭牌如图 1-4-1 所示。

### 4. 什么是焊接电源的负载持续率？

负载持续率指焊接电源在一定电流下连续工作的能力，在断续负载工作方式中，负载持续时间 $t$ 对整个工作周期 $T$ 之比的百分率，叫负载持续率。即：负载持续率 $=t/T\times100\%$。

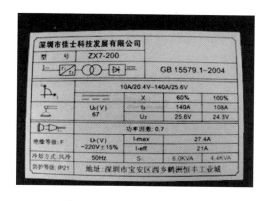

图 1-4-1　焊接电源铭牌

　　国标规定焊条电弧焊额定负载持续率为60%，机动焊或自动焊一般为60%和100% 。例如：ZX₇-500焊接电源在额定负载持续率60%时的额定电流是500A，如果在实际负载持续率100%时，其最大焊接电流应≤387A。

### 5. 什么是焊接电源的额定焊接电流？

　　弧焊电源在额定负载持续率工作时允许使用的最大焊接电流，叫额定焊接电流。产品铭牌中一般列出几种不同负载持续率时许用的焊接电流。

### 6. 什么是焊接电源的一次电压？

　　即弧焊电源的输入电压，是弧焊电源所要求的网路电压。在中国境内，工业用焊接电源一般一次电压为380V。部分民用焊接电源一次电压为220V。

### 7. 什么是焊枪的负载持续率？

　　焊枪的负载持续率是指焊枪在一定电流下连续工作的能力。

　　（1）例如，熔化极气保焊350KR焊枪在$CO_2$焊接时额定负载持续率为70% ，额定电流是350A；在实际负载持续率100%（自动焊)时，其最大焊接电流≤290A。而在 MAG 焊时，额定负载持续率为35%，在实际负载持续率100%时，其最大焊接电流≤207A。

（2）再如，500KR 焊枪在 $CO_2$ 焊接时额定负载持续率为70%，额定电流是500A；在实际负载持续率100%（自动焊）时，其最大焊接电流≤418A。而在 MAG 焊时，额定负载持续率为35%，在实际负载持续率100%时，其最大焊接电流≤296A。

## 第二节　焊条焊电源

### 1. 目前常用的焊条电弧焊电源种类有哪些?

目前，常用的是弧焊变压器和弧焊整流器两大类（见图1-4-2）。

(a) 弧焊变压器　　　　　　(b) 弧焊整流器

图1-4-2　几种焊条焊电源

## 2. 电弧焊变压器和整流器型号中汉语拼音和阿拉伯数字是如何解释的?

(1)电弧焊变压器和整流器分别用汉语拼音首字母 B、Z 表示大类;

(2)大类后面字母表示小类,用 X、P、D 分别表示下降特性、平特性和多特性;

(3)第三位字母表示附注特征,如省略为一般电源,M 表示脉冲电源,E 表示交直流两用电源,L 表示高空载电压;

(4)第四位数字表示系列序号,省略为磁放大器或饱和电抗器式,1、2、3、4、5、6、7 分别表示动铁式、串联电抗器式、动线圈式、晶体管式、晶闸管式、变换抽头式和变频式;

(5)短画线"-"后面标注额定焊接电流。

## 3. 对电焊钳的要求有哪些?

电焊钳的钳口既要夹住焊条又要把焊接电流传输给焊条,对于钳口材料要求有高导电性和一定力学强度,故用紫铜合金制造。为保证导电能力要求,焊钳与焊接电缆的连接必须紧密牢固。对夹紧焊条的弹簧压紧装置要有足够夹紧力,并且操作方便。焊工手握的绝缘柄及钳口外侧的耐热绝缘保护片,要求有良好的绝缘性能和强度。电焊钳总体要求轻便耐用。图 1-4-3 示出了几种电焊钳。

图 1-4-3　几种电焊钳

### 4. 焊接电缆的选择有哪些要求?

焊接电缆是电弧焊机和电焊钳及焊条之间传输焊接电流的导线(见图1-4-4)。焊接电缆要有良好的导电性,柔软且易弯曲,绝缘性能好,耐磨损。专用焊接软电缆是用多股紫铜细丝制成导线,并外包橡胶绝缘。电弧焊机按照额定焊接电流选择焊接电缆,如果有特殊需要加长焊接电缆的长度,则应采用较大导电截面积的电缆,以免电流损失过大;反之,缩短电缆长度,则可用较小截面积以增加电缆的柔软性。

图1-4-4　焊接电缆及电焊钳

## 第三节　钨极氩弧焊电源

### 1. 钨极氩弧焊电源有哪几种?

根据电源种类划分为:直流钨极氩弧电源;交流钨极氩弧电源。

普通碳钢、不锈钢、钛合金等材料的钨极氩弧焊一般采用直流钨极氩弧电源,正接极性。

铝及铝合金的钨极氩弧焊,一般采用交流钨极氩弧焊电源,利用交流电源的"阴极破碎"作用，破除铝镁合金表面氧化铝，从而保证焊接。

## 2. 钨极氩弧焊电源主要组成部分有哪些？

钨极氩弧焊电源通常由弧焊电源、控制系统、焊枪、水冷系统及供气系统组成（见图1-4-5）。自动钨极氩弧焊电源还配有行走小车、焊丝送进机构等。

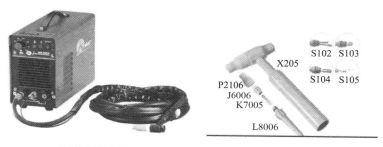

(a) 钨极氩弧焊电源

(b) 钨极氩弧焊焊枪及配件

图1-4-5　钨极氩弧焊设备及其配件

## 3. 钨极氩弧焊电源怎样选择？

钨极氩弧焊电源要求使用具有陡降外特性或垂直陡降外特性的弧焊电源，主要是为了得到稳定的焊接电流。钨极氩弧焊（TIG）设备的电源有直流、交流两种。

直流电源有可控硅弧焊整流器、晶体管电源、逆变电源等几种；交流电源有正弦波交流电源及方波交流电源两种。

## 4. 为什么焊接铝镁合金要用交流钨极氩弧焊？

采用交变的方波电源，正半波加热工件，负半波清理氧化膜，实现了铝镁合金的高质量焊接（见图1-4-6）。

如果采用直流反接，钨极为正极，产生动能较大的阳离子，撞击铝、镁及其合金表面的氧化膜，具有清洁作用，但钨极烧损严重，不适用大电流焊接；而钨极为阳极区，温度很高，钨极严重烧损，不能使用较大的焊接电流进行正常焊接。

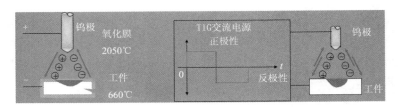

图 1-4-6 交流钨极氩弧焊原理

## 5. 钨极氩弧焊喷嘴孔径如何选择?

喷嘴孔径的大小，直接影响保护区的范围。一般情况下，若喷嘴孔径增大，气体流量也增大，保护区范围势必增大。如果喷嘴孔径过大，则结构某些部位施焊困难，同时气体流量太大，也会妨碍焊工的视线，无法控制熔池大小，因此，提高气体保护效果不宜采用增大喷嘴孔径的方法(见图 1-4-7 和图 1-4-8)。

喷嘴孔径可按经验公式选择： $D = (2.5 \sim 3.5)d$

式中： $D$ 为喷嘴孔径（一般指内径）， mm； $d$ 为钨极直径， mm。

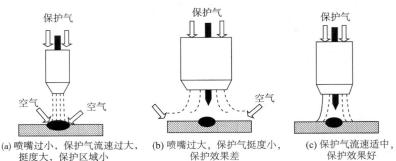

(a) 喷嘴过小，保护气流速过大，　(b) 喷嘴过大，保护气挺度小，　(c) 保护气流速适中，
　　挺度大，保护区域小　　　　　　　保护效果差　　　　　　　　保护效果好

图 1-4-7 喷嘴大小和气体流量对保护效果的影响

图 1-4-8 钨极氩弧焊喷嘴样式

# 第四节 熔化极气保焊电源

## 1. 熔化极气保焊电源按照电弧形式分为哪几类?

主要分为直流和脉冲两大类。常规碳钢、不锈钢等一般采用直流电源,反接极性。不锈钢、镍基材料实心焊丝焊接时,需要采用熔化极脉冲电源进行焊接。

## 2. 熔化极气保焊电源主要组成部分有哪些?

熔化极气保焊电源主要是由焊接电源、供气系统、送丝机构、控制系统、焊枪、冷却系统等部分组成(见图 1-4-9)。

## 3. 熔化极气保焊焊丝的送丝方式有哪些?

焊丝的送丝方式有推丝式、拉丝式、推拉丝式三种。目前常用的送丝机为推丝式送丝机(见图 1-4-10)。

图 1-4-9 熔化极气保焊电源及组成

(a) 推丝式送丝机

(b) 拉丝式送丝机

图 1-4-10 各种熔化极气保焊送丝机

## 4. 熔化极气保焊焊机型号中汉语拼音和阿拉伯数字怎样解释?

熔化极气保护焊焊机型号由汉语拼音和阿拉伯数字组成。

(1)N 表示大类;

(2)大类后面字母表示小类,用 Z、B、D、U、G 分别表示自动焊、半自动焊、定位焊、堆焊和切割;

(3)第三位字母表示附注特征,省略为氩气及混合气体保护焊直流，M 表示氩气及混合气体保护焊脉冲，C 表示 $CO_2$ 气体保护焊；

（4）第四位数字表示系列序号，省略为焊车式，1、2、3、4、5、6、7 分别表示全位置焊车式、横臂式、机床式、旋转焊头式、台式、焊接机器人和变位式；短画线"－"后面标注额定焊接电流。

例如：NBC－400 的 N 表示熔化极气体保护焊机，B 表示半自动焊，C 表示 $CO_2$ 气体保护焊，400 表示额定焊接电流为 400A。

### 5. 什么是滞后停气时间？

钨极氩弧焊、熔化极气保焊时，焊接电弧熄灭后，保护气体延迟 3～5s 再停止送气的时间称为滞后停气时间。一般钨极氩弧焊焊接铝合金、不锈钢、钛等金属滞后停气时间要长达 3～20s。

## 第五节 埋弧焊电源

### 1. 埋弧焊设备主要组成部分有哪些？

埋弧焊设备主要由焊接电源、控制系统、焊接小车三部分组成（见图 1－4－11）。同时还有辅助设备，包括焊接夹具、自动变位机等。

### 2. 埋弧焊按照送丝方法的不同可分为哪几类？

埋弧焊按照送丝方法的不同可分为等速送丝式和变速送丝式。一般 $\phi2～5mm$ 焊丝采用等速送丝式焊接电源进行焊接；$\phi3.2～6mm$ 焊丝采用变速送丝式电源进行焊接。

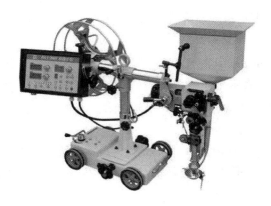

图 1-4-11　埋弧焊小车及控制系统

### 3. 埋弧焊机控制系统的调试内容主要有哪些?

埋弧焊机控制系统的调试内容主要有:①测试送丝速度;②测试引弧操作有效可靠;③测试小车行走速度;④测试电源调节特性;⑤测试各控制按钮是否有效。

### 4. 埋弧焊机型号中汉语拼音和阿拉伯数字怎样解释?

埋弧焊机型号由汉语拼音和阿拉伯数字组成。

(1)用 M 表示埋弧焊机大类;

(2)大类后面标注小类,用 Z、B、U、D 分别表示自动焊、半自动焊、堆焊和多用;

(3)第三位字母表示附注特征,省略为直流,J、E、M 分别表示交流、交直流和脉冲;

(4)第四位数字表示系列序号,省略为焊车式,2、3、9 分别表示横臂式、机床式和焊头悬挂式;短画线"-"后面标注额定焊接电流。

例如:MZ-1000 的 M 表示埋弧焊机,Z 表示自动焊,1000表示额定焊接电流为 1000A。

# 第六节　气电立焊电源

## 1. 气电立焊由哪些构成？

气电立焊主要由焊接电源、供气系统、焊接行走小车、焊枪、焊枪摆动器、水冷铜衬垫、铜制滑块等构成（见图1-4-12）。

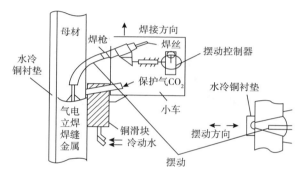

图1-4-12　气电立焊

## 2. 焊接设备电源的选用有哪些要点？

焊接设备电源的选用要点是：①根据焊接电源种类选择弧焊电源；②根据焊接工艺方法选择弧焊电源；③根据弧焊电源功率选择弧焊电源；④根据工作条件选择弧焊电源。

## 3. 焊接设备弧焊电源保养有哪些要求？

弧焊电源的保养要求为：①弧焊电源应放置在干燥通风处；②使用之后，应防止灰尘或雨水侵入其内部；③移动弧焊电源时，应注意不要使弧焊电源受到剧烈的振动；④定期清理焊接设备灰尘；⑤应经常检查焊接电缆和接线端子是否损坏，并及时进行修理；⑥经常检查焊接电源的一次电源线，并及时修理或更换。

## 第七节　切割电源及装备

### 1. 等离子切割设备由哪些构成？

等离子切割设备主要由电源、控制箱、供水系统、供气系统（冷却系统）、割炬等构成（见图1-4-13）。

图1-4-13　等离子切割设备及配套

### 2. 火焰切割炬有哪几种？

火焰切割炬分手工切割炬和机用切割炬。机用切割炬主要用于各种机械切割机（枪）（见图1-4-14）。

(a) 手工气割枪

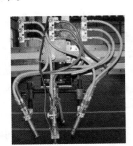

(b) 自动气割枪

图1-4-14　火焰切割枪

### 3. 火焰切割气瓶减压器的分类有哪些？

减压器按用途不同可分为氧气减压器、乙炔减压器和丙烷减压器等（见图1-4-15）；按构造不同可分为单级式和双级式两类；按工作原理不同可分为正作用式和反作用式两类。

目前，常见的国产减压器以单级反作用式和双级混合式（第一级为正作用式，第二级为反作用式）两类为主。

(a) 乙炔减压器    (b) 氧气减压器

图1-4-15 火焰切割减压器

### 4. 火焰切割输送氧气胶管和乙炔（丙烷）胶管分别采用什么颜色？

根据GB/T 2550《气体焊接设备焊接、切割和类似作业用橡胶软管》规定，氧气胶管应为蓝色，乙炔（丙烷）胶管应为红色（见图1-4-16）。

图1-4-16 火焰切割输送胶管

### 5. 碳弧气刨对焊接电源有哪些特殊要求？

碳弧气刨一般均采用直流电源，其电源的特性与焊条焊相同。一般直流焊条焊电源都可作为碳弧气刨电源，但由于碳弧气刨使用的电流较大，且工作时间较长，所以应选用功率、负载持续率较大的直流焊接电源。

### 6. 碳弧气刨一般采用哪种电源极性？

常规碳钢、低合金钢、不锈钢采用碳弧气刨时，使用直流反接极性。

### 7. 碳弧气刨枪有哪几种？

碳弧气刨枪有侧面送风式和圆周送风式两种（见图1-4-17）。

(a)侧面送风式　　　　　　　　　(b)圆周送风式

图1-4-17　碳弧气刨枪

### 8. 两台直流焊机能否连在一起当碳弧气刨电源使用？

可以，采用并联使用，但必须保证两台并联的焊接电源性能一致。

# 第五章　焊接材料

## 第一节　焊　条

### 1. 什么是焊接材料？

焊接过程中的各种填充金属以及为了提高焊接质量而附加的保护物质统称为焊接材料。焊接材料包括焊条、焊丝、焊剂、气体、电极、衬垫等。

### 2. 什么是焊缝金属？

由熔化的母材和填充金属（焊丝、焊条等）凝固后形成的那部分金属，称为焊缝金属。

### 3. 什么是焊条？

电焊条是指在一定长度的金属芯外表层均匀地涂敷一定厚度的具有特殊作用涂料的焊条电弧焊焊接材料，简称为"焊条"。（见图1-5-1）。它是目前最常见的焊接材料之一。

### 4. 焊条按成分可分为哪几类？

焊条按成分可分为碳钢焊条、低合金钢焊条（铬钼钢、低温钢）、不锈钢焊条、镍及镍合金焊条、铸铁焊条、堆焊焊条、特殊用途焊条等。

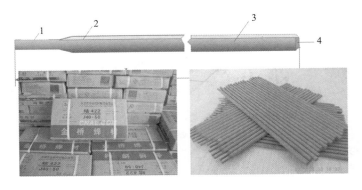

图 1-5-1　焊条

1—夹持端；2—药皮；3—焊芯；4—引弧端

### 5. 焊条焊芯的作用有哪些?

焊芯是指电焊条用的被药皮包覆的金属芯，其有两个作用：一是传导电流，产生焊接电弧；二是焊芯本身熔化形成焊缝中的填充金属。

### 6. 焊条药皮的作用有哪些?

焊条药皮的作用是在焊接过程中形成具有合适的熔点、黏度、密度、碱度等物理、化学性能的熔渣，保证电弧稳定燃烧、使熔滴金属容易过渡、在电弧区和熔池周围造成一种气氛、保护焊接区域、获得良好的焊缝性能与成型等。此外还可通过向药皮中加入脱氧剂、渗合金元素或一定含量的铁粉，满足焊缝金属使用性能或提高熔敷效率的要求。

### 7. 什么是酸性焊条?

焊条药皮中含有多量酸性氧化物的焊条称为酸性焊条，如 J422（E4303）、J502（E5003）等交直流两用电焊条。

酸性焊条在石油化工工程建设中常用于钢结构、地管焊接。一般不能应用于重要的钢结构和管道设备的焊接。

### 8. 酸性焊条的特性有哪些?

酸性焊条焊接工艺性好,电弧稳定,可交、直流两用,飞溅小、熔渣流动性好,熔渣多呈玻璃状,较疏松、脱渣性能好,焊缝外表美观。

### 9. 什么是碱性焊条?

药皮中含有多量碱性氧化物同时含有氟化物的焊条称为碱性焊条,如 J507(E5015)、J506(E5016)等电焊条。

碱性焊条在石油化工工程建设中常用于压力管道、压力容器、承压设备和重要钢构焊接。

### 10. 碱性(低氢型)焊条的特性有哪些?

碱性焊条是药皮中含有较多碱性氧化物,同时含有氟化钙的焊条。碱性焊条主要靠碳酸盐(如 $CaCO_3$ 等)分解出 $CO_2$ 作保护气体,弧柱气氛中的氢分压较低,而且萤石($CaF_2$)中的氟在高温时与氢结合成氟化氢(HF),降低了焊缝中的含氢量,故碱性焊条又称为低氢型焊条。

碱性焊条,焊接焊缝抗裂性能优良,焊接时铁水和药皮界限分明,便于焊工熔池观察。但打火容易粘条,且药皮容易脱落。同时,碱性焊条容易吸潮,导致焊接时出现气孔和氢致裂纹。所以,使用前应严格按照说明书进行烘干。

### 11. 非合金钢及细晶粒钢焊条的型号如何标示?

依据 GB/T 5117《非合金钢及细晶粒钢焊条》规定,非合金钢及细晶粒钢焊条的标示如下:

(1)第一部分用字母"E"表示焊条。

(2)第二部分为字母"E"后面的两位数字,表示熔敷金属的最小抗拉强度代号。

(3)第三部分为字母"E"后面的第三和第四两位数字,表示药皮形式、焊接位置和电流类型。

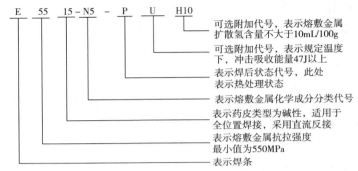

（4）第四部分为熔敷金属的化学成分分类代号。

## 12. 结构钢焊条牌号如何标示？

（1）焊条牌号首字母"J"（或"结"字）表示结构钢焊条。

（2）牌号前两位数字表示熔敷金属抗拉强度的最小值（MPA）。

（3）牌号第三位数字表示药皮类型和焊接电源种类。

（4）结构钢焊条有特殊性能和用途的，在牌号后面加注起主要作用的元素或主要用途的拼音字母（一般不超过2个），如J507MoV、J507CuP。

例如，J507（结507）焊条："J"（结）表示结构钢焊条，牌号中前两位数字表示熔敷金属抗拉强度的最小值为500MPa，第三位数字"7"表示药皮类型为低氢钠型，直流反接电源。

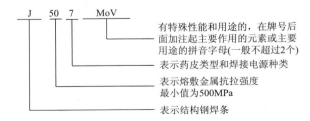

### 13. 热强钢(耐热钢)焊条型号如何标示？

根据 GB/T 5118《热强钢焊条》规定，热强钢焊条型号根据熔敷金属的力学性能、药皮类型、焊接位置、电流类型、熔敷金属化学成分等进行划分。

E 55 15–1CM

表示熔敷金属化学成分分类代号
表示药皮类型为碱性，适用于全位置焊接，采用直流反接
表示熔敷金属抗拉强度最小值为550MPa
表示焊条

### 14. 不锈钢焊条型号如何标示？

根据 GB/T 983《不锈钢焊条》规定，不锈钢焊条根据熔敷金属的化学成分、焊接位置和药皮类型等划分。

E 308 – 16

表示药皮类型，适用于交直流两用焊接
表示熔敷金属化学成分分类代号
表示焊条

### 15. 不锈钢焊条牌号如何标示？

(1)焊条牌号首字母"G"(或"铬"字)或"A"(或"奥"字)，分别表示铬不锈钢焊条或奥氏体铬镍不锈钢焊条。

(2)牌号第一位数字，表示熔敷金属主要化学成分组成等级(见表1-5-1)。

(3)牌号第二位数字表示同一熔敷金属主要化学成分组成等级中的不同牌号。对同一组成等级的焊条，可有 10 个序号，按0、1、2、…、9 顺序编排，以区别铬、镍之外的其他成分。

(4)牌号第三位数字，表示药皮类型和焊接电源种类(见表1-5-2)。

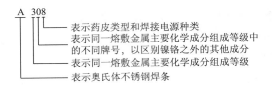

A　308

— 表示药皮类型和焊接电源种类
— 表示同一熔敷金属主要化学成分组成等级中的不同牌号，以区别镍铬之外的其他成分
— 表示同一熔敷金属主要化学成分组成等级
— 表示奥氏体不锈钢焊条

### 表 1-5-1　不锈钢焊条熔敷金属主要化学成分组成等级

| 焊条牌号 | 熔敷金属主要化学成分组成等级 | 焊条牌号 | 熔敷金属主要化学成分组成等级 |
|---|---|---|---|
| G2XX | 含 Cr 量约为 13% | A4XX | 含 Cr 量约为 26%；含镍量约为 21% |
| G3XX | 含 Cr 量约为 17% | A5XX | 含 Cr 量约为 16%；含镍量约为 25% |
| A0XX | 含碳量≤1.04%（超低碳） | A6XX | 含 Cr 量约为 16%；含镍量约为 35% |
| A1XX | 含 Cr 量约为 19%；含镍量约为 10% | A7XX | 铬锰氮不锈钢 |
| A2XX | 含 Cr 量约为 18%；含镍量约为 12% | A8XX | 含 Cr 量约为 18%；含镍量约为 18% |
| A3XX | 含 Cr 量约为 23%；含镍量约为 13% | A9XX | 待开发 |

### 表 1-5-2　焊条牌号中第三位数字的含意

| 焊条牌号 | 药皮类型 | 焊接电源种类 | 焊条牌号 | 药皮类型 | 焊接电源种类 |
|---|---|---|---|---|---|
| □XX0 | 不属于已规定的类型 | 不规定 | □XX5 | 纤维素型 | 直流或交流 |
| □XX1 | 氧化钛型 | 直流或交流 | □XX6 | 低氢钾型 | 直流或交流 |
| □XX2 | 钛钙型 | 直流或交流 | □XX7 | 低氢钠型 | 直流 |
| □XX3 | 钛铁矿型 | 直流或交流 | □XX8 | 石墨型 | 直流或交流 |
| □XX4 | 氧化铁型 | 直流或交流 | □XX9 | 盐基型 | 直流 |

常用不锈钢焊条型号和牌号对照表见表1-5-3。

表1-5-3　常用不锈钢焊条型号和牌号对照表

| 焊条牌号 | 焊条型号 | 适用母材 |
|---|---|---|
| A002 | E308L-16 | 00Cr19Ni10；006Cr19Ni11T |
| A022 | E316L-16 | 00Cr17Ni14Mo2 |
| A042 | E309MoL-16 | 00Cr23Ni13Mo2 |
| A062 | E309L-16 | 00Cr23Ni13 |
| A102 | E308-16 | 06Cr19Ni9；06Cr19Ni11Ti |
| A132 | E347-16 | 0Cr19Ni11Ti |
| A137 | E347-15 | 0Cr19Ni11Ti |
| A202 | E316-16 | 0Cr18Ni12Mo2 |
| A302 | E309-16 | Cr23Ni13 |
| A307 | E309-15 | Cr23Ni13 |
| A402 | E310-16 | Cr25Ni20 |
| A312 | E309Mo-16 | Cr23Ni13Mo2 |

## 16. 什么是纤维素型(下向立焊专用)焊条？

纤维素型焊条是指药皮中含有多量有机物的焊条，管道及薄板结构下向立焊专用。目前，施工中常用于长输管线焊接。

## 17. 焊条选择的基本原则有哪些？

焊条选择的基本原则为：考虑焊件材料的力学性能和化学成分；焊条的工艺性能；焊件的工作条件和使用性能；焊件的复杂程度和结构特点；经济效率和焊接效率等。

## 18. 怎么识别焊条是酸性还是碱性？

(1)看说明书，焊条是酸性还是碱性通常说明书上都有说明。

(2)可以观察焊条的端部钢芯表面的颜色，碱性焊条的端部往往呈烤蓝色，而酸性焊条则没有(见图1-5-2)。

（3）从熔渣的颜色也可以识别，碱性焊条熔渣的背面呈乌黑色，渣壳较致密；酸性焊条熔渣的背面呈亮黑色，渣壳较疏松、多孔。当采用交流焊机施焊时，电弧稳定的是酸性焊条。

（4）在石油化工工程建设中常用的焊条牌号，如焊条牌号最后一位数字为"2"（J422）表示酸性焊条；焊条牌号最后一位数字为"6""7"（J426、J427、J506、J507）表示碱性焊条。

图1-5-2　电焊条区别

### 19. 如何鉴别受潮焊条？

焊条受潮后，药皮颜色变深，长期存放的焊条吸潮后表面容易出现白霉斑点；观察焊芯端部表面，看是否有锈迹；亦可破掉药皮，检查焊芯是否锈蚀；吸潮后的焊条没有清脆声；受潮的焊条，在焊接过程中会有药皮爆裂或药皮成块脱落，并产生较多的水汽。

受潮的焊条使用前需经过专业人员的鉴定，并严格烘干后方可使用。

### 20. 焊条端部引弧剂的作用是什么？

带引弧剂的焊条容易引弧，不容易粘条，减少焊接接头缺陷产生几率。带引弧剂焊条价格稍高，常适用于重要材料的焊接。

## 21. 直径 $\phi$2.5mm 的不锈钢焊条铁芯能否用于钨极氩弧焊打底焊接？

一般不可以。有些焊缝熔敷金属是依靠焊条药皮过渡金属元素。如合金钢焊条的焊芯一般为碳钢焊芯，主要依靠药皮过渡合金元素。

## 22. 焊条的保质期一般是多长？

（1）依据 JB 3223《焊接材料质量管理规程》规定，规定期限自生产日期始可按下述方法确定：

①焊接材料质量证明或说明书推荐的期限；

②酸性焊接材料及防潮包装密封良好的低氢型焊接材料为 2 年；

③石墨型焊接材料及其他焊接材料为 1 年。

（2）依据 SH 3501《石油化工有毒、可燃介质钢制管道施工及验收规范》规定，除焊条说明书对库存期另有规定外，库存期不宜超过一年，超过 1 年的焊条应检查外观并进行工艺性能试验，符合要求后方可使用。

## 23. 焊条使用注意事项有哪些？

焊条在领用和再烘干时必须认真核对牌号，并作好记录；焊条放在保温筒内随用随取；同一保温筒内严禁混装不同牌号焊条；低氢焊条在常温下超过 4h，应重新进行烘烤；焊条受潮后药皮有脱落现象，应严禁使用。

## 24. 为什么焊条使用前要严格烘干？

焊条吸潮后使工艺性能变坏，造成电弧不稳、飞溅增大，并容易产生气孔、裂纹等缺陷。因此，焊条使用前必须严格烘干。焊条烘焙箱如图 1-5-3 所示。

图 1-5-3　焊条烘焙箱

## 25. 酸性焊条和碱性焊条的烘干温度一般是多少?

焊条烘干温度严格按照使用说明书执行。

一般酸性焊条的烘干温度为 150~200℃，时间为 1h；碱性焊条的烘干温度为 350~400℃，时间为 1~2h。

烘干后放在 100~150℃的保温箱内，随用随取。

# 第二节　焊　丝

## 1. 什么是焊丝?

焊接时作为填充金属，有时用来导电的金属丝叫焊丝(见图 1-5-4)。

## 2. 焊丝的分类有哪些?

(1)按其适用的焊接方法的不同，可分为钨极氩弧焊焊丝、埋弧焊焊丝、熔化极气保焊焊丝、气焊焊丝等(见图 1-5-5)。

(2)按被焊材料的不同，可分为碳钢焊丝、低合金钢焊丝、

图 1-5-4　各种焊丝

不锈钢焊丝、有色金属焊丝等。

（3）按制造方法与焊丝的形状结构的不同，可分为实心焊丝和药芯焊丝、金属粉芯焊丝。其中药芯焊丝又可分为气体保护或自保护焊丝两种。

(a) 氩弧焊焊丝　　　　　(b) 气保焊焊丝　　　　　(c) 埋弧焊焊丝

图 1-5-5　各种焊丝

## 3. 常用气体保护实心焊丝的型号标示方法是什么？

GB/T 8110《气体保护电弧焊用碳钢、低合金钢焊丝》规定：

ER　50　-　2　H5

表示熔敷金属扩散氢含量不大于5.0 mL/100g
表示化学成分分类代号
表示熔敷金属抗拉强度最低值为500MPa
表示焊丝

## 4. 什么是药芯焊丝、金属粉芯焊丝?

药芯焊丝是由薄钢带卷成圆形钢管,同时在其中填满一定成分的药粉,经拉制而成的焊丝。

金属粉芯焊丝是由薄钢带包裹粉剂组成,粉剂的主要成分为铁合金粉,非金属矿物含量很少。因此,与实心焊丝和普通药芯焊丝相比,金属粉芯焊丝具有如下优势:具有较大的电流密度,可以达到更高的熔敷率;具有较宽的电子发射区域,形成的熔池更稳定;金属粉芯焊丝熔透较宽,可以消除侧壁未熔;抗锈、抗气孔能力强,熔敷率高,可提高生产效率30%以上。

药芯焊丝、金属粉芯焊丝的基本形式如图1-5-6所示。

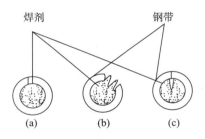

图1-5-6　药芯焊丝、金属粉芯焊丝的基本形式

## 5. 常用不锈钢药芯焊丝的型号标示方法是什么?

GB/T 17853《不锈钢药芯焊丝》中规定的不锈钢药芯焊丝型号编制方法如下:

(1)第一位是"E"表示焊丝,"R"表示填充焊丝。

(2)后面用三位或四位数字表示熔敷金属化学成分分类代号,如有特殊要求的化学成分,将其元素符号附加在数字后面,或者用"L"表示碳含量较低、"H"表示碳含量较高、"K"表示焊丝应用于低温环境。

（3）再后面用"T"表示药芯焊丝。

（4）之后用一位数字表示焊接位置，"0"表示焊丝适用于平焊位置或横焊位置焊接，"1"表示焊丝适用于全位置焊接；"－"后面用数字表示保护气体及焊接电流类型。

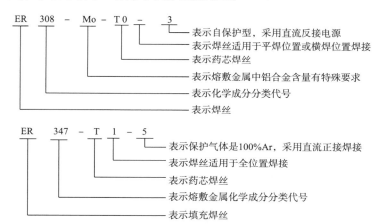

## 6. 为什么药芯焊丝焊缝表面容易出现压痕气孔？

因药芯焊丝是由薄钢带卷成的管状焊丝，属于有缝焊丝；空气中的水分会通过缝隙侵入药芯，焊药潮湿，且无法烘干，造成焊缝有压痕气孔。

## 7. 什么规格的熔化极气体保护焊焊丝为细丝？

焊丝直径≤$\phi$1.6mm 的焊丝，被统称为细丝。施工现场常用的 $\phi$1.0mm、$\phi$1.2mm 的焊丝均为细丝。

## 8. 碳钢埋弧焊丝型号如何标示？

GB/T 12470《埋弧焊用低合金钢焊丝和焊剂》规定：

（1）型号分类根据焊丝－焊剂组合的熔敷金属力学性能、热处理状态进行划分。

（2）焊丝、焊剂组合的型号编制方法为 F×××× H×××。

其中"F"表示焊剂；"F"后面的两位数字表示焊丝 - 焊剂组合的熔敷金属抗拉强度的最小值；第二位字母表示试件的状态，"A"表示焊态，"P 表示焊后热处理；第三位数字表示熔敷金属冲击吸收功小于 27J 时的最低试验温度；"－"后面标示焊丝的牌号。

完整的焊丝－焊剂型号示例：

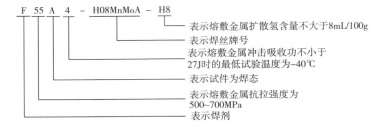

```
F 55 A 4 - H08MnMoA - H8
```
表示熔敷金属扩散氢含量不大于8mL/100g
表示焊丝牌号
表示熔敷金属冲击吸收功不小于
27J时的最低试验温度为-40℃
表示试件为焊态
表示熔敷金属抗拉强度为
500~700MPa
表示焊剂

## 9. 碳钢埋弧焊丝如何选择？

在选择埋弧焊焊丝(见图1-5-7)时，最主要的是考虑焊丝中锰、硅和合金元素的含量。无论是采用单道焊还是多道焊，应考虑焊丝向熔敷金属中过渡的 Mn、Si 和合金元素对熔敷金属力学性能的影响。

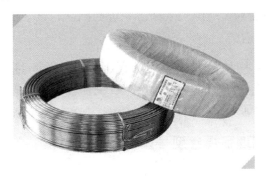

图1-5-7　埋弧焊焊丝

## 10. 什么是埋弧焊焊剂？按制作方法可分为哪几种？

焊剂是焊接时能够熔化生成熔渣和气体，对熔化金属起保护和冶金处理作用的一种颗粒状物质。按制作方法分为：

（1）熔炼焊剂　将一定比例的各种配料放在炉内熔炼，然后经过水冷粒化、烘干、筛选制成的焊剂。它是目前国内最常用的埋弧焊焊剂，常适用于低碳钢、低合金钢等材料的焊接中。

（2）烧结焊剂　将一定比例的各种粉状配料加入适量黏结剂，混合搅拌后经高温（400~1000℃）烧结成块，然后粉碎、筛选而制成的一种焊剂。由于焊剂中可以添加合金且制作烧损少，焊缝金属成分变化小，常适用于高合金钢的焊接。

## 11. 埋弧焊焊剂的特性有哪些？

焊剂是具有一定粒度的颗料状物质，是埋弧焊不可缺少的焊接材料（见图1-5-8）。

（1）焊接时覆盖焊接区，防止空气中氮、氧等有害气体侵入熔池，焊后熔渣覆盖在焊缝上，减缓了焊缝的冷却速度，改善了焊缝的结晶状况及气体的逸出条件，从而减少了气孔。

（2）对焊缝金属渗合金，改善焊缝的化学成分，提高其力学性能。

（3）防止焊缝中产生气孔和裂纹。

(a) 熔炼焊剂　　　　　　　　(b) 烧结焊剂

图1-5-8　埋弧焊焊剂

### 12. 埋弧焊熔炼焊剂的牌号如何解释？

（1）焊剂牌号前"HJ"表示埋弧焊用熔炼焊剂（见图1-5-9）。

（2）焊剂牌号第一位数字表示焊剂中 MnO 的含量，1、2、3、4分别表示无锰（ $MnO < 2\%$ ）、低锰（ $MnO 2\% \sim 15\%$ ）、中锰（ $MnO 16\% \sim 30\%$ ）和高锰（ $MnO > 30\%$ ）。

（3）牌号第二位数字表示焊剂中 $SiO_2$ 、 $CaF_2$ 的含量，1、2、3、4、5、6、7、8、9分别表示低硅低氟、中硅低氟、高硅低氟、低硅中氟、中硅中氟、高硅中氟、低硅高氟、中硅高氟和其他，其中低硅 $SiO_2 < 10\%$ 、中硅 $SiO_2 10\% \sim 30\%$ 、高硅 $SiO_2 > 30\%$ ，低氟 $CaF_2 < 10\%$ 、中氟 $CaF_2 10\% \sim 30\%$ 、高氟 $CaF_2 > 30\%$ 。

（4）牌号第三位数字表示同一类型熔炼焊剂的不同牌号，按0、1、2、…、9顺序排列。

（5）当同一牌号熔炼焊剂生产两种颗粒度时，在细颗粒焊剂牌号后加"X"区分（焊剂颗粒度一般分为两种：普通颗粒度焊剂的粒度为40~8目，细颗粒度焊剂的粒度为60~14目）。

图1-5-9　埋弧焊焊剂-熔炼焊剂

### 13. 埋弧焊烧结焊剂的牌号如何解释？

（1）牌号前"SJ"表示埋弧焊用烧结焊剂（见图1-5-10）。

（2）烧结焊剂牌号第一位数字表示焊剂熔渣的渣系类型，1、2、3、4、5、6分别表示氟碱型、高铝型、硅钙型、硅锰型、铝钛型和其他。

（3）牌号第二位、第三位数字表示同一渣系类型的烧结焊剂的不同牌号，按01、02、…、09顺序编排。

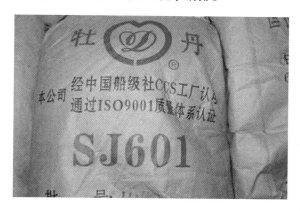

图1-5-10　埋弧焊焊剂—烧结焊剂

## 14. 埋弧焊用低合金钢焊剂根据什么划分型号？

根据GB/T 12470《埋弧焊用低合金钢焊丝和焊剂》的规定，低合金钢埋弧焊用焊剂型号分类根据焊丝－焊剂组合的熔敷金属力学性能、热处理状态进行划分。焊丝－焊剂组合的型号编制方法为：F××××－H×××。

## 15. 埋弧焊用不锈钢焊剂根据什么划分型号？

根据GB/T 17854《埋弧焊用不锈钢焊丝和焊剂》的规定，埋弧焊用不锈钢焊丝和焊剂的熔敷金属中铬含量应大于11%，镍含量应小于38%；焊丝和焊剂的型号分类是根据焊丝－焊剂组合的熔敷金属化学成分、力学性能进行划分。

## 16. 焊剂颗粒度的选择依据什么？

焊剂的颗粒度分为两种：普通颗粒度焊剂的粒度为 2.5 ~ 0.45mm（8~40 目），用于粗丝大电流焊接；细颗粒度焊剂的粒度为 1.25 ~ 0.28mm（14~60 目），适用于细丝小电流焊接。现场埋弧焊焊材、焊剂的选用，应按照焊材厂家推荐的焊丝、焊剂型号匹配使用。

## 17. 焊材的保管存放对环境有哪些要求？

焊材库应干燥、通风良好，库房内应有必要的除湿设备，设置温度湿度计，一般应保持室内温度不低于 5℃，相对湿度不大于 60%。由焊材保管员每天对温度、湿度进行记录，应保证温度、湿度符合焊材保存要求。焊材应放在货架上。焊材到地面和墙的距离不小于 300mm。

## 18. 焊剂的保管与使用有哪些要求？

（1）焊剂应存放在干燥的库房内，防止受潮影响焊接质量。应妥善运输焊剂，防止包装破损。

（2）使用前，焊剂应按说明书所规定的参数进行烘焙。熔炼焊剂通常在 250 ~ 300℃烘焙 2h，烧结焊剂通常在 300 ~ 400℃烘焙 2h。干燥时，焊剂散布在盘中，厚度最大不超过 5cm。

（3）使用回收的焊剂，应清除掉里面的渣壳、碎粉及其他杂物，与新焊剂按 1:3 比例混合后使用。

## 19. 焊材的烘干有哪些要求？

（1）除真空包装外，焊条、焊剂应按供应商提供的产品说明书或工艺规程的规定进行烘干。

（2）对烘干温度超过 350℃的焊条，累计烘干次数不宜超过 2 次。

（3）烘干箱（见图 1-5-11）和保温箱内的焊条应有表明其牌

号、规格和批号的有效标记。

（4）库房管理员应加强焊材烘干的控制和管理，作好焊材代码和烘干温度、时间等记录，并控制堆高和码放、重复烘干次数，防止骤冷骤热、受热不均、混料、错发等现象。

（5）焊接责任工程师应审核烘干记录并认可烘干操作的正确性。

图 1-5-11　焊条烘焙箱

## 20. 焊材的回收有哪些要求?

（1）焊工每天下班后，必须上交剩余的焊材和焊条头，管理员清点用剩的焊条和焊条头，做到收发一致，并作好记录。

（2）回收的焊条必须表面清洁，可确认牌号、材质，对于表面肮脏，不能确认牌号、材质的焊条一律作报废处理。

（3）回收的焊条应根据其牌号、规格和回收的次数分别储存、烘干和发放。

（4）回收的焊条应由保管员做好标记(每次退回可用锯条划一条划痕)，不同返回次数的焊条，不许混淆。

（5）返回次数应填写在焊接材料发放记录上。返回次数超过两次的焊条一般不许再用于特种设备受压元件的焊接。

(6)焊条重新烘干后原则上可再使用一次,下次使用时应首先发放;回收的焊剂应去除渣壳、杂质,重新烘干后可与新焊剂1∶3混匀使用。

## 21. 中国石化集团公司对现场焊工领取焊材有何规定?

焊工领取焊条前需明确焊接场所、焊接位置、焊接材料等信息,并由现场焊接工程师填写"焊材领用单",焊工持"焊材领用单"到焊材烘干室领取焊材,并作登记签名备查。焊接剩余焊材应及时送回焊材烘干室,并作好登记签名备查。

**焊材领用单**

领用单位:

| 单元名称 | | 单元编号/专业名称 | |
|---|---|---|---|
| 使用钢结构、设备代号、管道号 | | | |
| 母材材质 | 母材规格 | 焊接方法 | |
| 焊材牌号 | 焊工姓名 | 焊工代号 | |
| 焊材规格 | 领用数量 | | 数量/公斤 |

# 第三节　焊接及切割用气体

## 1. 什么是焊接用保护气体?

焊接中用于保护金属熔滴以及熔池免受外界有害气体(氢、氧、氮)侵入的气体叫做焊接用保护气体。

现场常用焊接用保护气体有氩气(Ar)、二氧化碳($CO_2$)或其混合气体。

## 2. 焊接(切割)用气体包括哪些?

气体保护焊(包括二氧化碳气体保护焊、惰性气体保护焊、混合气体保护焊等)所用的保护气体主要有二氧化碳($CO_2$)、氩气($Ar$)和二氧化碳+氩气($Ar + CO_2$)等混合气体(见图1-5-12)。

气焊与气割用的气体有助燃气体(氧气)与可燃气体(乙炔、液化石油气、氢气等)两类。

图1-5-12　各种焊接、切割用气体

## 3. 焊接保护气体氩气、二氧化碳的纯度要求一般是多少?

按照相关国家标准规定,焊接用普通氩气纯度≥99.99%,二氧化碳保护气纯度≥99.9%。

## 4. 焊接用二氧化碳气体有哪些特性?

二氧化碳($CO_2$)是一种无色、无味的多原子气体,来源广、成本低。二氧化碳在标准状况下,密度为空气的1.5倍。由于它比空气重,因此能在熔池上方形成一层较好的保护层,防止空气进入熔池。

$CO_2$在电弧的高温作用下,将发生吸热分解反应。因此,$CO_2$气体对电弧柱的冷却作用较强,产生的热收缩效应也较强,电弧柱区窄,热量集中,焊接热影响区窄,焊接变形小,特别适用于焊接薄板。

$CO_2$ 气体是一种氧化性气体，在电弧高温作用下，$CO_2$ 将分解成 CO 和原子态 O。在电弧区中，约有 40% ~ 60% 左右的 $CO_2$ 气体分解，分解出的原子态 O 具有强烈的氧化性，使金属氧化。

因此，使用 $CO_2$ 气体要解决好对熔池金属的氧化问题。一般是采用含有脱氧剂的焊丝来进行焊接。

$CO_2$ 气瓶为银灰色（见图 1-5-13）。

图 1-5-13　二氧化碳气瓶

### 5. 氩气有哪些特性?

氩气（Ar）是一种无色、无味的单原子气体，氩气的密度约为空气的 1.4 倍，因为氩气比空气重，使用时，不易飘浮散失，因此能在熔池上方形成一层较好的覆盖层，有利于保护作用。另外在用氩气保护焊接时，产生的烟雾较少，便于控制熔池和电弧。

氩气是一种惰性气体，它既不与金属起化学反应，也不溶解于金属中。因此，可以避免焊缝金属中合金元素的烧损及由此带来的其他焊接缺陷。

氩气的另一个应用特点是热导率小且是单原子气体，高温时不分解、不吸热，所以在氩气中燃烧的电弧热量损失较少。

　　在氩气中，电弧一旦引燃，燃烧就很稳定。在各种保护气体中，氩弧的稳定性最好，即使在低电压时也十分稳定。氩气对电弧的热收缩效应较小，加上氩弧的电位梯度和电流密度不大，即使氩弧长度稍有变化，也不会显著地改变电弧电压。因此电弧稳定，很适合于手工焊接。

　　氩气瓶为灰色（见图 1-5-14）。

(a)瓶装氩气　　　　　　　　　　(b)液体氩气

图 1-5-14　各种形式氩气瓶

### 6. 氧气有哪些特性？

　　氧气是一种无色、无味、无毒的气体，不能燃烧，但它是一种活泼的助燃气体。氧气的化学性质极为活泼，能与自然界的大部分元素（除惰性气体和金、银、铂外）相结合，称为氧化反应。而激烈的氧化反应就是燃烧。氧的化合能力随着压力的加大和温度的升高而增强。高压氧与油脂类等易燃物质接触就会发生剧烈的氧化反应而迅速燃烧，甚至爆炸，因此使用中要注意安全。

　　氧气瓶为蓝色（见图 1-5-15）。

图 1-5-15  氧气瓶

### 7. 可燃乙炔气有哪些特性？

乙炔是目前在气焊和气割中应用最为广泛的一种可燃性气体，乙炔是未饱和的碳氢化合物（$C_2H_2$），在常温是无色气体。一般情况下焊接用乙炔因含有 $H_2S$ 及 $PH_3$ 等杂质而有一种特殊的气味。

气体乙炔可溶入丙酮等液体中。

乙炔本身具有爆炸性，纯乙炔当压力达 150kPa，温度达 580~600℃时，就可能发生爆炸。因此，乙炔发生器和管路中乙炔的压力不得大于 0.13MPa。特别是当乙炔与氧气混合时，如果乙炔含量达到一定范围，也有爆炸性。由于乙炔受压会引起爆炸，因此不能用加压直接装瓶来储存。

工业上通常利用其在丙酮中溶解度大的特性，将乙炔灌装在盛有丙酮或多孔物质的容器中，通常称为溶解乙炔或瓶装乙炔。焊接时，一般要求乙炔的纯度大于 98%，规定的灌装条件是：温度15℃时，充装压力不得大于 1.55MPa。瓶装乙炔由于具有安全、方便、经济等优点，是目前大力推广应用的一种乙炔供给方法。

乙炔瓶为白色(见图1-5-16)。

图1-5-16　乙炔瓶

## 8. 钨极的特性有哪些?

钨极是钨极氩弧焊的电极材料,对电弧的稳定性和焊接质量有很大的影响。通常要求钨极具有熔点高、不宜烧损、电流容量大、施焊损耗小、引弧和稳弧性好等特性。

# 第四节　钨极氩弧焊钨极

## 1. 钨极有哪些种类?

钨极有纯钨极、钍钨极、铈钨极、锆钨极和镧钨极五种(见图1-5-17)。目前施工现场常用的是铈钨极。

图1-5-17　各种焊接用钨极

## 2. 钍钨极的特性有哪些?

在纯钨极的基础上加入 1% ~ 2% 的氧化钍(ThO$_2$)的钨极即是钍钨极。由于钨棒内含有钍元素,使钨极的电子发射能力增强,具有电流承载能力较好、寿命较长、抗污染性能较好、容易引弧、所需的引弧电压小、电弧稳定性好等优点。其缺点是成本较高,具有微量的放射性。目前施工现场较少采用钍钨极。

## 3. 铈钨极的特性有哪些?

在纯钨中加入 2% 的氧化铈称为铈钨极。与钍钨极相比,具有小电流焊接易建立电弧,使用寿命长等优点。更重要的特点是其几乎没有放射性,是一种理想的钨极氩弧焊电极材料,也是我国目前建议采用的钨极氩弧焊用钨极。

# 第六章　金属材料与热处理

## 第一节　金属材料常识

### 1. 什么是晶体与非晶体？

晶体的原子按一定规律整齐排列，而非晶体的原子则是混乱分布。一般的固态金属及合金都是晶体，而玻璃、松香等属于非晶体。

### 2. 什么是晶格？金属晶格常见的有哪几种？

金属的原子按一定方式有规则地排列成一定空间几何形状的结晶格子，称为晶格。金属晶格常见的有体心立方晶格、面心立方晶格和密排六方晶格(见图1-6-1)。

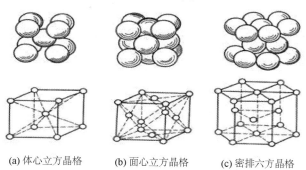

(a) 体心立方晶格　　(b) 面心立方晶格　　(c) 密排六方晶格

图1-6-1　金属晶格形式

### 3. 铁－碳平衡状态图的作用是什么?

铁－碳平衡状态图的作用是表示在缓慢加热(或冷却)条件下,铁碳合金的成分、温度与组织之间的关系(见图1-6-2)。铁－碳平衡状态图非常重要,它是热处理的基础,也是分析焊缝及热影响区组织变化的基础。

Fe—Fe₃C合金平衡相图

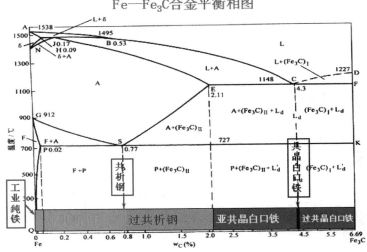

图1-6-2　铁－碳平衡状态图

### 4. 什么是同素异构转变?

金属在固态下随温度的变化,由一种晶格转变为另一种晶格的现象,称为同素异构转变。

液态纯铁在1538℃时进行结晶,得到具有体心立方晶格的δ-Fe,继续冷却到1394℃时,发生同素异构转变,转变为具有面心立方晶格的γ-Fe,继续冷却到912℃时,又发生同素异构转变,转变为具有体心立方晶格的α-Fe,如果再继续冷却,晶格类型不再发生变化。

金属的同素异构转变具有很重要的意义，正是由于铁具有这一特性，生产中才可能对钢进行热处理，以改变其内部组织，从而改善其性能。因此，同素异构转变是钢能否进行热处理的主要根据。

## 5. 什么是合金金属？

两种或两种以上的元素（其中至少一种是金属元素）组成的、具有金属特性的物质，叫做合金。

合金钢按照化学成分分类：合金含量小于 5% 为低合金钢；合金含量 5% ~ 10% 为中合金钢；合金含量大于 10% 为高合金钢。

工程施工中常见的合金有锰钢、铬钼耐热钢、奥氏体不锈钢等。

## 6. 什么是铁素体？铁素体有何特性？

铁素体是少量的碳和其他合金元素固溶于 $\alpha$ - 铁中的固溶体。$\alpha$ - 铁为体心立方晶格，碳原子以间隙状态存在，合金元素以置换状态存在（见图 1 - 6 - 3）。铁素体的强度和硬度低，但塑性和韧性很好。

图 1 - 6 - 3　铁素体相图

## 7. 钢和铸铁如何区分？

钢和铸铁都是铁碳合金，碳的质量分数小于 2.11% 的铁碳合金称为钢，碳的质量分数在2.11% ~6.67%之间的铁碳合金称为铸铁。

## 8. 焊接化学冶金的作用是什么？

焊接化学冶金的首要任务就是对焊接区的金属进行保护，防止空气的有害作用。其次是通过熔化金属、气体、熔渣之间的冶金反应来消除焊缝金属中的有害杂质，增加焊缝金属中某些有益的合金元素，从而保证焊缝金属的各种性能。

例如在$CO_2$熔化极气保焊焊丝中添加一定量的Si元素，在高温熔池中中和多余$CO_2$分解的O，从而保证焊缝中其他合金元素，确保焊缝质量。

## 9. 金属材料的定义及分类有哪些？

金属材料是指金属元素或以金属元素为主构成的具有金属特性的材料，可分为黑色金属材料、有色金属材料。

黑色金属材料又称为钢铁材料；有色金属是指除铁、铬、锰以外的所有金属及其合金，如钛、铝、镍及其合金材料等。

## 10. 金属材料的物理、化学性能有哪些？

金属材料的物理、化学性能主要是指材料的密度、熔点、导热性、热膨胀性、导磁性、耐腐蚀性等。

其中密度、熔点、导热性、热膨胀性等与焊接操作过程密切相关。

## 11. 什么是金属材料的密度？

物质单位体积所具有的质量称为密度，用符号 $\rho$ 表示，利用密度的原理可以解决一系列焊接原理问题。如铝合金的密度较轻，且导热性快，熔池凝固速度较快，所以氢气在熔池中不容易析出，容易出现气孔等。

常用金属材料的密度见表1-6-1。

### 表 1-6-1 常用金属材料密度

| 材料名称 | | 密度/<br>(g/cm³) | 材料名称 | | 密度/<br>(g/cm³) |
|---|---|---|---|---|---|
| 灰口铸铁 | | 6.6~7.4 | 不锈钢 | 1Cr18Ni11Nb、Cr23Ni18 | 7.90 |
| 白口铸铁 | | 7.4~7.7 | | 2Cr13Ni4Mn9 | 8.50 |
| 可锻铸铁 | | 7.2~7.4 | | 3Cr13Ni7Si2 | 8.00 |
| 铸钢 | | 7.80 | 纯铜材 | | 8.90 |
| 工业纯铁 | | 7.87 | 硅黄铜、镍黄铜、铁黄铜 | | 8.50 |
| 普通碳素钢 | | 7.85 | 纯镍 | | 8.85 |
| 优质碳素钢 | | 7.85 | 镍铜、镍镁、镍硅合金 | | 8.85 |
| 碳素工具钢 | | 7.85 | 镍铬合金 | | 8.72 |
| 锰钢 | | 7.81 | 工业纯钛(TA1、TA2、TA3) | | 4.50 |
| 15CrA 铬钢 | | 7.74 | 钛合金 | TA4、TA5、TC6 | 4.45 |
| 20Cr、30Cr、40Cr 铬钢 | | 7.82 | | TA6 | 4.40 |
| 38CrA 铬钢 | | 7.80 | | TA7、TC5 | 4.46 |
| 不锈钢 | 0Cr13、1Cr13、2Cr13、3Cr13、4Cr13、Cr17Ni2、Cr18、9Cr18、Cr25、Cr28 | 7.75 | | TA8 | 4.56 |
| | Cr14、Cr17 | 7.70 | | TB1、TB2 | 4.89 |
| | 0Cr18Ni9、1Cr18Ni9、Cr18Ni9Ti、2Cr18Ni9 | 7.85 | | TC1、TC2 | 4.55 |
| | 1Cr18Ni11Si4A1Ti | 7.52 | 钛合金 | TC3、TC4 | 4.43 |
| | | | | TC7 | 4.40 |
| 纯铝 | | 2.70 | | TC8 | 4.48 |
| 防锈铝 | LF2、LF43 | 2.68 | 钛合金 | TC9 | 4.52 |
| | LF3 | 2.67 | | TC10 | 4.53 |
| | LF5、LF10、LF11 | 2.65 | | | |
| | LF6 | 2.64 | | | |
| | LF21 | 2.73 | | | |

## 12. 什么是金属材料的熔点？

金属材料由固态转变为液态时的熔化温度称为熔点。纯金属有固定的熔点，合金的熔点取决于它的成分。

例如钢是铁碳合金，含碳量不同，熔点也不同。金属材料的熔点原理在焊接过程中至关重要。如奥氏体不锈钢材料熔点较碳钢高，且导热性差，所以焊接时感觉不锈钢难以熔化，如果不加以预防，容易出现未熔合现象。

常用金属材料的熔点见表1-6-2。

表1-6-2 常用金属材料熔点

| 金属名称 | 碳 | 铝 | 镁 | 铜 | 锰 | 硅 | 铁 | 钼 | 钨 | 金 | 银 | 锌 | 镍 | 铬 | 钛 | 锆 | 钒 |
|---|---|---|---|---|---|---|---|---|---|---|---|---|---|---|---|---|---|
| 元素符号 | C | Al | Mg | Cu | Mn | Si | Fe | Mo | W | Au | Ag | Zn | Ni | Cr | Ti | Zr | V |
| 熔点/℃ | 3727 | 660 | 650 | 1083 | 1245 | 1412 | 1539 | 2622 | 3410 | 1064 | 962 | 419 | 1453 | 1903 | 1677 | 1852 | 1910 |

## 13. 什么是金属材料的导热性？

金属材料传导热量的性能称为导热性。导热性的大小通常用热导率来衡量，热导率符号是 $\lambda$，热导率越大，金属的导热性越好。导热性好的材料有铜、铝及其合金，导热性较差的材料有不锈钢、钛合金等。

金属材料的导热性原理在焊接过程中作用较大。金属材料导热性好的材料熔池较难形成，焊接困难，如铝合金、铜合金，需要焊前对坡口适当预热；导热性差的材料，如不锈钢、镍合金、钛合金等，由于材料导热性较差，容易导致焊缝晶粒粗大，产生热裂纹。

## 14. 什么是焊接接头的力学性能？

焊接接头的力学性能是指在力或能的作用下，焊接接头(焊缝、熔合区、热影响区)所表现出来的一系列力学特性，如强度、塑性、硬度、韧性和疲劳强度等力学性能指标，反映了焊接接头性能在各种形式外力作用下抵抗变形或破坏的能力，它们是选用金属材料、焊接材料的重要依据。

一般要求，焊接接头的力学性能不低于母材的力学性能。

## 15. 什么是焊接接头的强度？

强度是指焊接接头在外力作用下抵抗变形和断裂的能力，强度越高，抵抗变形和断裂的能力越强。

例如按照 NB/T 47014《承压设备焊接工艺评定》标准，焊接工艺评定中的抗拉强度试验就是检测焊接接头的强度(见图 1-6-4)。一般要求焊接接头的抗拉强度不低于母材的抗拉强度。

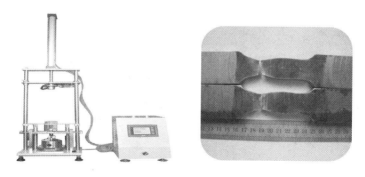

图 1-6-4　金属材料拉伸试验机及拉伸试样

## 16. 什么是焊接接头的塑性？

塑性是指焊接接头在外力作用下发生塑性变形的能力。塑性越高，材料产生塑性变形的能力越强。

例如按照 NB/T 47014《承压设备焊接工艺评定》标准，焊接工艺评定中的弯曲试验就是检测焊接接头的塑性能力(见图1-6-5)。一般要求焊缝及熔合区不产生大于3mm的裂纹为合格。

图1-6-5　金属材料弯曲试样机及弯曲试样

## 17. 什么是焊接接头的冲击韧性试验?

冲击韧性试验是一种动态力学性能试验，主要用来测定冲断一定形状的试样所消耗的功。一般采用冲击试验机(摆锤式和落锤式)，冲击试样所消耗的功称为冲击功$A_k$。

按照NB/T 47014《承压设备焊接工艺评定》标准，焊接接头冲击试验取样一般在焊缝区、热影响区二个位置各取3个试样进行冲击试验(见图1-6-6)。常规冲击试样的尺寸为10mm×10mm×55mm。冲击合格指标一般依据相关规范要求。

图1-6-6　金属材料冲击试验机及冲击试样

### 18. 什么是焊接接头的硬度试验?

焊接接头截面或焊缝表面抵抗表面变形的能力称为硬度。硬度是衡量金属材料软硬的一个指标。根据测量的方法不同,硬度指标可分为布氏硬度(HB)、维氏硬度(HV)等。生产中常用的是布氏硬度,维氏硬度试验是用来测定显微组织的硬度。

按照 NB/T 47014《承压设备焊接工艺评定》标准,焊接工艺评定中一般进行焊缝表面、焊缝截面的硬度检测(见图1-6-7)。施工项目一般只进行焊缝表面的硬度检测。合格指标依据相关规范。

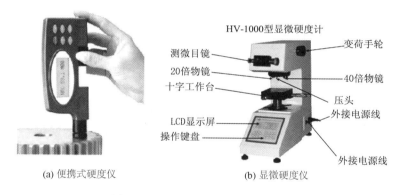

(a) 便携式硬度仪                    (b) 显微硬度仪

图1-6-7 金属材料硬度试验机

## 第二节 焊接接头的热处理

### 1. 什么是焊接接头的焊接热循环?

在焊接过程中热源沿焊件移动时,焊件上某点的温度随时间由低到高达到最大值后又从高到低变化的过程称焊接热循环(见图1-6-8)。

焊接热循环会影响焊缝、热影响区等位置的性能，所以控制焊接热循环对焊接过程至关重要。如焊接过程中控制预热温度、层间温度、后热，以及焊后热处理等。

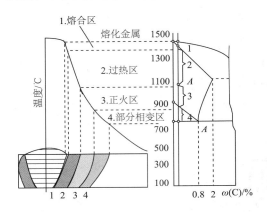

图1-6-8 焊接热循环示意图

## 2. 影响焊接热循环的因素有哪些？

影响焊接热循环的因素主要有热输入、预热温度、焊接方法、焊接接头尺寸形状、焊缝长度等。

## 3. 什么是焊前预热？

所谓焊前预热就是焊接开始前，对焊件的全部或局部进行加热的工艺措施。预热温度是按焊接工艺规定预热需要达到的温度。它是克服焊接接头裂纹的主要措施。目前很多材料或材料达到一定厚度焊接时都要求焊前预热，焊后缓冷，以避免裂纹的产生（见图1-6-9）。

图1-6-9　管口焊前预热

## 4. 焊前预热的作用是什么？

预热是降低焊后焊接接头冷却速度的有效措施，预热的主要目的是改善金属材料的焊接性。通过预热可以延长奥氏体转变温度范围内的冷却时间，降低淬硬倾向；适当延长不低于预热100℃左右的保温时间，有利于扩散氢的逸出；预热还可以减少焊接应力，有利于防止冷裂纹的产生。

焊缝焊前是否预热和预热温度数值，要依据相关规范和焊接工艺评定确定。

## 5. 预热的方法主要有哪几种？

预热的方法主要有火焰加热法、远红外加热法、工频感应加热法三种。

目前石油化工施工项目现场常用的预热方法主要为火焰加热法和远红外加热法。

## 6. "对于需要预热的试件，预热温度可任意选择"此说法是否正确？为什么？

此说法是错误的。是否需要预热以及预热温度的选择，主要取决于母材和焊接材料的成分、工件厚度、结构刚性、焊接方法以及环境温度等，要通过焊接性试验来确定。

同时，焊接时是否对材料进行预热，需要通过相关规范确定。

### 7. 什么是后热？

后热是焊接后立即对焊件的全部(或局部)进行加热，使其缓慢冷却的工艺措施。后热温度一般为 $250 \sim 350℃$，保温 $1 \sim 2h$。

后热主要应用在强度钢、耐热钢等焊接中，后热可以有效消除焊缝中的残余氢，防止冷裂纹。

焊接后是否对材料进行后热，需要通过相关规范确定。

### 8. 什么是焊后热处理？

焊后热处理是为了改善焊接接头的组织和性能或消除焊接残余应力而进行的热处理(见图 1-6-10)。

石油化工建设中，常见的热处理有常规碳钢、铬钼耐热钢的高温回火(消应力)热处理、奥氏体不锈钢的稳定化热处理等。

图 1-6-10　管道焊缝焊后热处理

## 9. 焊后热处理的目的是什么？

消除或降低焊接残余应力；稳定结构的形状和尺寸，减少畸变；改善母材、焊接接头的性能，如提高焊缝金属的塑性、降低热影响区硬度、提高断裂韧性、改善疲劳强度、恢复或提高冷成型中降低的屈服强度；提高抗应力腐蚀的能力；进一步释放焊缝金属中的有害气体，尤其是氢，防止延迟裂纹的发生。

## 10. 什么是消应力退火热处理？

消应力退火是消除金属焊接接头焊接残留应力的退火工艺，一般在金属材料相变点以下进行，又叫人工时效。它是将金属材料（焊接接头）加热至弹－塑性转变温度区，经适当保温，使各部位温度均匀，并使残余应力得到松弛和稳定，然后缓慢冷却的一种热处理工艺。

目前，碳钢材料、低温钢材料的焊后热处理温度基本为 $600 \sim 650\,℃$，基本为消应力退火热处理。

## 11. 什么是回火？

将钢件加热到临界点以下的温度，保持一段时间，待组织转变完成后，冷却到室温的热处理方法。目前石油化工建设中，铬钼耐热钢采用的焊后热处理温度基本为 $650 \sim 750\,℃$，基本为高温回火热处理。

## 12. 回火的目的是什么？

减少和消除工件的内应力，防止工件在使用时的变形和开裂；提高钢的韧性，适当调整钢的强度和硬度，以满足各种工件的需要，稳定组织，使工件在使用过程中不发生组织转变从而保证工件的形状和尺寸不变，保证工件的精度。

## 13. 按照回火温度的不同可将回火分为哪几种？

按照回火温度的不同可将回火分为低温回火（$150 \sim 250\,℃$）、中温回火（350～500℃）和高温回火（500～650℃）三种。

目前施工现场采用的一般为高温回火热处理。

### 14. 什么是不锈钢的稳定化热处理？

为避免碳与铬形成高铬碳化物造成奥氏体不锈钢的晶间腐蚀，在奥氏体钢中加入稳定化元素（如钛 Ti 和铌 Nb），在加热到 850℃以上温度时，能形成稳定的碳化物。这是因为 Ti（或 Nb）能优先与碳结合，形成 TiC（或 NbC），从而大大降低了奥氏体中固溶碳的浓度（含量），起到了牺牲 Ti（或 Nb）保护 Cr 的目的。含 Ti（或 Nb）的奥氏体不锈钢（如 1Cr18Ni9T、1Cr18Ni9Nb）经稳定化处理后比进行固溶热处理具有更良好的综合机械性能。

# 第二篇　基本技能

# 第一章　焊工取证及作业

## 1. 国家对特种设备焊接操作人员有哪些规定？

特种设备焊接操作人员属特种作业人员，须经国家认证的焊工考试机构考核合格，并经市级以上质量技术监督部门审核，掌握操作技能和有关安全知识，取得《特种设备作业人员证》[见图2-1-1(a)]。

同时还应定期接受国家安全生产监督管理部门进行的安全卫生教育并考核合格，取证后，方可从事焊接作业[见图2-1-1(b)]。

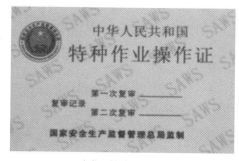

(a)质检总局焊接人员证　　　　(b)安监局特种作业操作证

图2-1-1　特种设备操作人员证和特种作业操作证

## 2. 从事哪些焊缝焊接的焊工，应按照 TGS Z6002《特种设备焊接操作人员考核细则》考核合格，持有《特种设备作业人员证》？

从事以下焊缝的焊接作业人员，应按照 TGS Z6002《特种设备焊接操作人员考核细则》考试，并取得《特种设备作业人员证》：

(1)承压类设备的受压元件焊缝、与受压元件相焊的焊缝、受压元件母材表面堆焊；

(2)机电类设备的主要受力结构(部)件焊缝，与主要受力结构(部)件相焊的焊缝；

(3)熔入前两项焊缝内的定位焊缝。

《特种设备作业人员证》如图2-1-2所示。

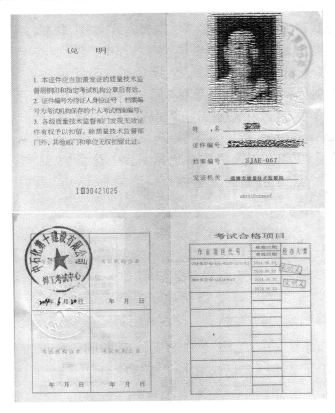

图2-1-2　《特种设备作业人员证》

**3. 申请《特种设备作业人员证》的人员应当符合哪些条件？**

年龄在 18 周岁以上，55 岁以下，具有完全民事行为能力；身体健康并满足申请从事的作业项目对身体的特殊要求；具有相应的安全技术知识与技能；符合安全技术规范的其他要求。

**4. 在哪些情况下，应当对焊接操作人员进行相应基本知识考试？**

（1）首次申请考试的；

（2）改变或者增加焊接方法的；

（3）改变或者增加母材种类（如钢、铝、钛等）的；

（4）被吊销《特种设备作业人员证》的焊工重新申请考试的。

**5. TGS Z6002《特种设备焊接操作人员考核细则》规定，焊工基本知识考试多少分为合格？**

焊工基本知识考试满分为 100 分，不低于 60 分为合格。

**6. 考证焊工应当向考试机构提供哪些资料？**

（1）《特种设备焊接操作人员考试申请表》（1 份）；

（2）居民身份证（复印件，1 份）；

（3）正面近期免冠照片（1 寸，2 张）；

（4）初中以上（含初中）毕业证书（复印件）或者同等学历证明（1 份）；

（5）医疗卫生机构出具的含有视力、色盲等内容的身体健康证明。

**7. 按照焊接方法的机动化程度，焊工分为哪几类？**

从事焊接操作的焊工分为手工焊焊工、机动焊焊工和自动焊焊工。机动焊焊工和自动焊焊工合称焊机操作工。

### 8. 什么是手工焊？

焊工用手进行操作和控制工艺参数而完成的焊接，称为手工焊，填充金属可以由人工送给，也可以由焊机送给。

我们常见的焊条电弧焊、手工钨极氩弧焊、手工熔化极气保焊都为手工焊。

### 9. 什么是机动焊？

焊工操作焊机进行调节与控制工艺参数而完成的焊接，称为机动焊。

我们目前管道预制厂内的管道埋弧焊、管道熔化极气保焊，都为机动焊。

### 10. 什么是自动焊？

焊机自动进行调节与控制工艺参数而完成焊接，称为自动焊。

### 11. 焊接操作技能考试试件分为几种类别？

分为板对接试件、管对接试件、板材角焊缝试件、管板角接头试件、螺柱焊试件(见图2-1-3)。

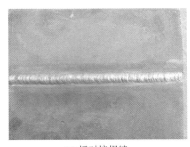

(a) 板对接焊缝　　　　　　　　(b) 管对接焊缝

(c) 板材角焊缝试件

(d) 管板角接头试件

(e) 螺柱焊试件

图 2-1-3　焊接考试试件

## 12. 特种设备焊接作业人员证在哪个网站能查询?

中国特种设备从业人员数据库及公示系统。网址为：http：//hr. cnse. gov. cn/。

## 13. 特种设备焊接作业人员证几年复审一次?

《特种设备作业人员证》每四年复审一次。

## 14. 焊工考试完成后，焊缝外观检查方法和内容有哪些?

（1）采用宏观（目视或者 5 倍放大镜等）方法进行；

（2）手工焊的板材试件两端 20mm 内的缺陷不计；

（3）焊缝余高和宽度可用焊缝检验尺测量最大值和最小值，不取平均值；

（4）单面焊的背面焊缝宽度可不测定。

## 15. 焊工考试完成后，焊缝外观什么情况下为合格？

（1）焊缝边缘直线度 $f$，手工焊 $f$ ≤2mm，机动焊与自动焊 $f$ ≤ 3mm。

（2）角焊缝试件、管板角接头试件的角焊缝中，焊缝的凹度或凸度不大于 1.5mm。

（3）角焊缝试件的焊脚为 0.5$T$～1$T$，两焊脚之差小于或者等于 3mm；管板角接头试件中管侧焊脚为 0.5$T$～1$T$。

（4）不带衬垫的板材对接焊缝试件、不带衬垫的管板角接头试件和外径不小于 76mm 的管材对接焊缝试件，背面焊缝的余高不大于 3mm。

（5）焊缝表面应当是焊后原始状态，焊缝表面没有加工修磨或者返修焊。

## 16. 焊工考试试件，射线无损检测几级为合格？

试件的射线透照按照 NB/T 47013《承压设备无损检测》标准进行检测，射线透照质量不低于 AB 级，焊缝缺陷等级不低于 Ⅱ 级为合格。

## 17. TGS Z6002《特种设备焊接作业人员考核细则》中，手工焊焊工考试项目由哪些代号组成？

手工焊焊工考试项目表示方法由：①－②－③－④/⑤－⑥－⑦ 等七个部分组成。

如：GTAW－FeⅠ－5G（K）－3/168－Fefs－02/11/12

其中：①为焊接方法代号；

②为金属材料类别代号；

③为试件位置代号；

④/⑤为试件规格代号，其中④为厚度，⑤为管道外

径尺寸；

⑥为填充金属类别代号；

⑦为焊接工艺因素代号。

## 18. TGS Z6002《特种设备焊接操作人员考核细则》中，机动焊焊工考试项目由哪些代号组成？

由①－②－③三个项目构成，相对手工焊工取证考核项目容易，只规定了焊接方法、位置代号及焊接工艺因素。就是说焊机操作工操作技能考试时，对材料类别、厚度、管径规格、焊丝规格牌号没有要求

如：SAW－1G（K）－07/09/19

其中：① 为焊接方法代号，耐蚀堆焊加代号"（N）"与试件母材厚度；

② 为试件位置代号，带衬垫加代号"（K）"；

③ 为焊接工艺因素代号。

## 19. TGS Z6002《特种设备焊接操作人员考核细则》中，主要焊接方法及其代号有哪几种？

焊条电弧焊—SMAW；气焊—OFW；钨极气体保护焊—GTAW；熔化极气保焊—GMAW（含药芯焊丝电弧焊 FCAW）；埋弧焊—SAW；气电立焊—EGW 等。

## 20. 变更焊接方法是否需要重新取证？

变更焊接方法，焊工需要重新进行焊接操作技能考试。在同一种焊接方法中，当发生下列情况时，焊工也需重新进行焊接操作技能考试：

（1）手工焊焊工变更为焊机操作工，或者焊机操作工变更为手工焊焊工；

（2）自动焊焊工变更为机动焊焊工。

**21. 手工焊焊工焊接考试时，金属材料类别在什么情况下不需要重新取证？**

焊工采用某类别任一钢号，经过焊接操作技能考试合格后，当发生下列情况时，不需重新进行焊接操作技能考试：

(1)手工焊焊工焊接该类别其他钢号；

(2)手工焊焊工焊接该类别钢号与类别号较低钢号所组成的异种钢号焊接接头；

(3)除 Fe Ⅳ 类外，手工焊焊工焊接较低类别钢号。

**22. 某焊工采用 Fe Ⅳ 类材料经焊接操作考试合格后是否可以焊接 Fe Ⅲ 类材料？**

采用 Fe Ⅳ 类材料经焊接操作考试合格后不能够代替 Fe Ⅲ 类材料，反之也不可以。

**23. 焊工采用镍与镍合金焊接操作技能考试时，试件母材可否采用其他材料代替？**

焊工采用镍与镍合金焊接操作技能考试时，试件母材可以用 Fe Ⅳ 类奥氏体不锈钢代替，但焊材及焊接工艺不可以代替。

**24. 手工焊焊工采用板对接 2G(横焊)位置考试合格，是否可以焊接 3G(立焊)位置焊缝？**

不可以。手工焊焊工采用 2G(横焊)位置考试合格后适用于 1G(平焊)和 2G(横焊)位置，不适用于 3G(立焊)位置焊缝的焊接。

**25. 手工焊焊工采用什么位置的焊缝，经考试合格后能够适用于所有位置焊缝的焊接？**

手工焊焊工采用 6G(45°)位置的焊缝，经考试合格后能够适用于所有位置焊缝的焊接。

## 26. 在 1F 焊缝中，"F"字母所表示的含义是什么？

"F"字母所表示的含义为角焊缝。

## 27. 手工焊对接焊缝试件适用于对接焊缝焊件焊缝金属厚度范围是哪些？

手工焊对接焊缝试件适用于对接焊缝焊件焊缝金属厚度范围见表 2-1-1。

表 2-1-1 手工焊对接焊缝试件适用于焊件焊缝金属厚度范围

| 焊缝形式 | 试件母材厚度 $T$/mm | 适用于焊件焊缝金属厚度 $t$ | |
|---|---|---|---|
| | | 最小值 | 最大值 |
| 对接焊缝 | <12 | 不限 | $2t$ |
| | ≥12 | 不限 | 不限 |

## 28. 某焊工焊条焊考试取证时，管材厚度为 11mm，其取证项目母材厚度覆盖范围是否能全覆盖？

不能。按照考核细则，母材覆盖范围最大为 22mm。只有试件厚度≥12mm 时，方可为厚度全覆盖。

## 29. 手工焊管材对接焊缝试件外径适用于对接焊缝焊件外径范围是多少？

手工焊管材对接焊缝试件外径适用于对接焊缝焊件外径范围见表 2-1-2。

表 2-1-2 手工焊管材对接焊缝试件外径适用于管材焊件外径范围

| 管材试件外径 $D$/mm | 适用于管材焊件外径范围/mm | |
|---|---|---|
| | 最小值 | 最大值 |
| <25 | $D$ | 不限 |
| 25≤$D$<76 | 25 | 不限 |
| ≥76 | 76 | 不限 |
| ≥300 | 76 | 不限 |

## 30. 考试项目中当焊剂、保护气体、钨极发生变化时，是否需要重新取证？

焊接操作技能考试合格的焊工，当变更焊剂型号、保护气体种类、钨极种类时，不需要重新进行焊接操作技能考试。

## 31. 焊机操作工采用某类别填充金属材料，经焊接操作技能考试合格后，能够适用哪些范围？

焊机操作工采用某类别填充金属材料焊接考试合格后，焊接各类别中的钢号，不需要重新进行焊接操作技能考试。

## 32. 某焊工熔化极机动焊考试取证时，管材厚度为11mm，其取证项目母材厚度覆盖范围是否能全覆盖？

能。焊机操作工采用对接焊缝试件或管板角接头试件考试时，母材厚度由考试机构自定，经焊接操作技能考试合格后，适用于焊件焊缝金属厚度不限。

## 33. 焊接不锈钢复合钢的复层之间焊缝及过渡焊缝的焊工，应当取得什么焊接资质？

焊接不锈钢复合钢的复层之间焊缝及过渡焊缝的焊工，应当取得耐蚀堆焊焊接资质并考试合格。考试代码实例如下：SMAW（N10）－FeⅡ－6G－86－Fef4。

## 34. 特种设备焊接作业人员证取证项目代号 SMAW－FeⅡ－1G（K）－14－Fef3J 含义是什么？

厚度为14mm的FeⅡ类材料（如Q345R）钢板对接焊缝平焊试件带衬垫，使用Fef3J类焊条（如J507焊条）手工焊接，试件全焊透。

## 35. 特种设备焊接作业人员证符号 FCAW－FeⅡ－3G－10－FefS－11/15 含义是什么？

板厚为10mm的FeⅡ类（如Q345R）钢板对接焊缝立焊试件无

衬垫，采用熔化极气体保护焊，填充金属为药芯焊丝，背面无气体保护，采用喷射弧/熔滴弧/脉冲弧施焊，试件全焊透。

### 36. 特种设备焊接作业人员证符号 SAW −1G（K）−07/09 含义是什么？

采用埋弧机动焊平焊，背面加衬垫，焊机无自动跟踪系统，多道焊。母材、焊材类型、规格不限。

### 37. 中国石油化工集团公司对焊工焊接作业如何规定？

（1）焊工作业时必须配带必备工具，如焊条保温筒、敲渣锤、手电筒、钢丝刷、记号笔、特殊材料作业时应使用专用工具。

（2）焊工需持焊条保温筒和焊材领用单，方可领取焊接材料。

（3）焊工在作业时，应对焊接环境（防风、防雨）、使用机具、施工平台等条件进行确认，未满足条件禁止施焊作业。

（4）焊工必须对坡口形式及组对工序的质量进行检查，对装配间隙、错位、平整度等超标情况应及时向焊接检验员提出处理要求，如未进行处理，焊工可拒绝作业。

（5）焊工在施焊中，应严格遵照焊接工艺卡执行，并对每道工序进行自检，需焊接检验员确认的，要及时通知检查。

（6）施焊完成后，应对焊缝外观进行自检自查，发现问题及时进行处理，自检合格后，通知焊接检验员进行检查确认。

（7）无损检测完成后，应及时对不合格焊缝进行修复。

# 第二章　焊接工艺

## 1. 什么是金属材料的焊接性？

金属材料的焊接性是指金属材料在一定的焊接工艺条件下获得优质焊接接头的难易程度。它包括两方面的内容：

一是接合性能，又称工艺可焊性，如焊接操作难度、是否容易出现焊接缺陷、焊缝外观成型等性能。

二是使用性能，又称使用可焊性，如焊缝在使用过程中的承压负载能力、耐腐蚀性、抗高温能力、低温性能等。

## 2. 什么是焊接工艺评定？

焊接工艺评定是指为验证所拟定的焊件焊接工艺的正确性而进行的实验过程及结果评价。

焊接工艺评定主要内容包括：预焊接工艺规程（pWPS）；焊接工艺评定报告（PQR）；焊接接头检测报告；焊接接头力学性能报告；母材、焊材质量证明文件；施焊记录等（见图2-2-1）。

焊接工艺评定是焊接施工工艺规程的主要编制、执行依据，是施工现场焊接工艺的源头。焊接工艺评定的编制应准确、严谨，依据的标准规范要有效，不能出现材料和工艺的错误。

施工现场使用焊接工艺评定时，禁止通过其他途径获取焊接工艺评定。需经过本公司（法人单位）焊接工艺评定管理体系的审查、批准，获得适用的焊接工艺评定，在施工现场报验使用。这样才能有效保证现场使用焊接工艺评定的正确性、实用性。

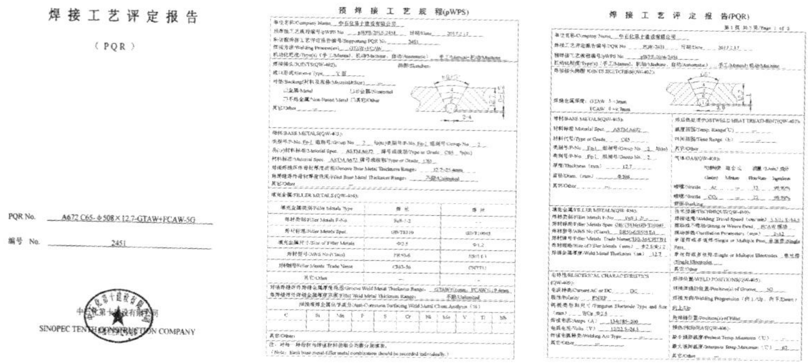
焊接工艺评定报告

（PQR）

PQR No. A672 C65-φ508×12.7-GTAW+FCAW-5G

编号 No. 2451

SINOPEC TENTH CONSTRUCTION COMPANY

预焊接工艺规程(pWPS)

焊接工艺评定报告(PQR)

图 2-2-1 焊接工艺评定中的 pWPS 及 PQR

## 3. 为什么要做焊接工艺评定？

焊制压力容器(压力管道)是由母材和焊接接头构成的，焊接接头的使用性从根本上决定了压力容器(压力管道)的质量。焊接工艺能否保证压力容器焊接接头的使用性能，焊前需要在试件上进行验证，焊接接头的使用性能是验证所拟定的焊接工艺正确性的判断准则。

焊接工艺评定过程是按照所拟定的焊接工艺(指导书)根据标准的规定焊接试件和制取试样、检验试样、测定焊接接头能否具有所要求的的使用性能。

## 4. 焊接工艺评定的焊接对焊工有何要求？

本单位操作技能熟练焊工负责焊接工艺评定试件的焊接。

## 5. 什么是焊接工艺规程？

焊接工艺规程是依据焊接工艺评定报告编制的直接针对焊接作业层的技术性文件，指明现场施工应该执行的焊接方法、焊接材料、焊接参数、焊接工艺、环境条件 、质量要求等。焊接工艺卡是焊接工艺规程的一种形式，焊接工艺卡编制数据应准确、贴合现场实际，能够让焊接作业人员理解，才能贯彻执行（见图2-2-2）。

| SEG 中石化第十建设有限公司 SINOPEC TENTH CONSTRUCTION CO., LTD. | | 焊接工艺卡 Welding Procedure Card | | | | 项目名称/Project Name | |
|---|---|---|---|---|---|---|---|
| | | | | | | 专业类别/Professional Category | 设备/Device□管道/Pipe□ 钢结构/steel structure□ |
| 评定编号/PQR No. | PQR-2409 | 焊接作业指导书编号/WWI No. | WWI-2409-1 | 焊接位置（方向）/Positions(Progression) | GTAW+SMAW 全位置（向上） | 编制日期/Compile Date | |
| 焊工资质/Welder Qualification | GTAW-FeⅠ&FeⅡ和 SMAW-FeⅠ&FeⅡ | | | | | 坡口简图/Groove Sketches | |

| | | | | |
|---|---|---|---|---|
| 适用材质/Base Metal | API 5L X70Q PSL2 / Fe-1-4（根据现场材料实际牌号填写） | 适用焊件覆盖厚度（mm）/Base Metal Thickness Range | 无冲击时，5mm≤δ≤40mm；有冲击时，16mm≤δ≤40mm | |
| 焊接材料/Filler Metals | 烘干温度/时间/Drying Temp./Time | 300~350℃/1~2h（以实际厂家推荐为准） | | |
| 保护气体/Shielding Gas | 保护部位/Protect Part | 气体种类/Gas(es) | 纯度/Ingredients | 流量（L/min）/Flow Rate |
| | 喷嘴/Nozzle | 氩 | ≥99.99% | 10~15 |
| | 尾部/Trailing | — | — | — |
| | 背面/Backing | — | — | — |
| | 钨极类型及直径（mm）/Tungsten Electrode Type and Size | | 铈钨 Φ2.0~3.2 | |
| | 喷嘴直径（mm）/Orifice or Gas Cup Size | | Φ6~Φ12 | |

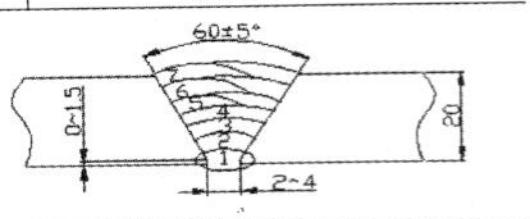

预热、后热及焊后热处理要求/Preheat、Postheat&PWHT Require

| 类别/Type | 加热温度/Heating Temp.（℃） | 保温时间/Holding Time（h） | 加热方式/Heating Method |
|---|---|---|---|
| 焊前预热/Preheat | — | — | — |
| 后热处理/Postheat | — | — | — |
| 焊后热处理/PWHT | 625±25 | 1.5 | — |
| 其它要求/Other | 最大道间温度<250℃ | | |

技术要求/Technical Requirements:

1. 坡口宜采用机械加工，如采用等离子加工，需要对热影响部位进行机械打磨；坡口不得有裂纹、分层、夹渣等缺陷。
2. 焊前对坡口表面及两侧20mm范围进行打磨，将铁锈、油污、氧化及其它有害杂质清除干净。
3. 定位焊采用与正式工艺相同的焊接工艺。
4. 焊接时严格控制线能量，尽量选择较小的焊接线能量，采用窄焊道多层多道施焊。
5. 在保证熔合良好的情况下采用短电弧和多层多道焊工艺，并控制道间温度小于250℃；
6. 每道焊接接头应错开30~50mm；
7. 不得在坡口之外的母材表面引弧或试验电流，并防止电弧擦伤母材。
8. 钨极氩弧焊风速大于2m/s；焊条焊风速大于8m/s；湿度大于90%；雨雪天气；焊件温度低于0℃时，不采取措施不得施焊。
9. 焊接层数根据施工现场实际情况参照此公式 n ≥ (T/4)+1（式中 n 为层数；T 为母材厚度）。
10. 平焊位置时，可选偏大些的焊接电流。横焊、仰焊时，所选用的电流应比平焊小5%~10%左右，立焊时应比平焊小5%~15%。

| 技术措施/Technique | | | |
|---|---|---|---|
| 摆动/不摆动/String or Weave | 焊条摆动 Welding Rod weaving | 摆动参数/Oscillation Parameters（mm） | 2~10 |
| 焊前、层间清理/Initial and Interpass Cleaning | | 砂轮打磨 Grinding Wheel | |
| 背面清根/Back Gouging | | — | |

质量要求/Quality Requirements:

1. 焊缝表面应宽窄一致，高低平齐，焊缝与母材应圆滑过渡。
2. 焊缝表面不允许有裂纹、气孔、夹渣、飞溅等缺陷。
3. 其他要求按相关技术文件和标准规范执行。

焊接规范参数/Welding Specification Parameter:

| 焊接层次/Weld Pass/Layer(s) | 焊接方法/Welding Process | 焊材牌号/Trade Name | 直径/Diam.（mm） | 电源种类和极性/Type/Polarity | 电流 Amp Range（A） | 电压/Volt Range（V） | 速度/Travel Speed Range（cm/min） | 线能量/Heat input（kJ/cm） |
|---|---|---|---|---|---|---|---|---|
| 1 | GTAW | TIG-50 | Φ2.4 | DCEN | 100~130 | 8~14 | 4~10 | ≤12.9 |
| 2~4 | SMAW | CHE657GX | Φ3.2 | DCEP | 95~115 | 20~28 | 5~12 | ≤37.7 |
| 5~7 | SMAW | CHE657GX | Φ3.2 | DCEP | 100~130 | 20~28 | 4~12 | ≤37.7 |
| | | | | | | | | |
| | | | | | | | | |

| | |
|---|---|
| 编制/Prepared by | |
| 日期/Date | |
| 批准/Approved by | |
| 日期/Date | |

注：此为依据焊接工艺评定通用焊接工艺卡。实际应用中应根据现场实际情况对此焊接工艺卡进行修订。

ment: This general WPC which compiled according to PQR,It be used that should be revised to the scene actual situation.

图2-2-2 焊接工艺卡模板

## 6. 焊工技能评定与焊接工艺评定有什么区别？

焊工技能评定的目的是要求焊工按照评定合格的焊接工艺焊出没有超标缺陷的焊缝，而焊接接头的使用性能是由评定合格的焊接工艺来保证的。进行焊接工艺评定时，要求焊工技能熟练以排除焊工操作因素干扰；进行焊工技能评定时，则要求焊接工艺正确以排除焊接工艺不当带来的干扰，应当在焊工技能考试范围内解决的问题不要放到焊接工艺评定中来。

焊接工艺评定在于确定焊接接头的使用性能，而不在于确定焊工的操作技能。

对于压力容器的合格焊接接头而言，一是靠焊接工艺评定确保焊接接头性能符合要求，二是要求焊工施焊出没有超标缺陷的焊接接头。这就很好地说明了焊接工艺评定与焊工技能考试各自的目的和两者之间的关系。

### 7. 什么是焊接条件？

焊接条件是指焊接施工过程中的一整套工艺程序及其技术规定。包括：母材材质、板厚、坡口形状、接头形式、拘束状态、环境温度及湿度、清洁度以及根据上述诸因素而确定的焊丝（或焊条）种类及直径、焊接电流、电压、焊接速度、焊接顺序、熔敷方法、运枪（或运条）方法等。

### 8. 焊接时对施焊环境有何要求？

依据 GB 50236《现场设备工业管道焊接工程施工规范》要求：

（1）焊接的环境温度应符合焊件焊接所需的温度，并不得影响焊工的操作技能。

（2）焊接时的风速应符合下列规定：

①焊条电弧焊、自保护药芯焊丝电弧焊或气焊不大于 8m/s；

②钨极惰性气体保护电弧焊和熔化极气体保护电弧焊不应大于 2m/s。

（3）焊接电弧 1m 范围内的相对湿度应符合下列规定：

①铝及铝合金的焊接不得大于 80%；

②其他材料的焊接不得大于 90%。

（4）在雨、雪天气施焊时，应采取防护措施。

### 9. 什么是焊接接头？

焊接接头是指由两个或两个以上零件用焊接组合或已经焊合的节点。焊接接头包括焊缝金属、熔合区、热影响区（见图 2-2-3）。

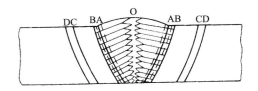

图 2 - 2 - 3　焊接接头的相关区域

OA—焊缝；AB—熔合区；BC—热影响区

## 10. 开坡口的目的是什么？

开坡口的主要目的是为了保证焊缝根部焊透并便于清渣，使焊接热源能深入接头根部，以确保接头质量，同时还能起到调节基体金属与填充金属比例的作用。

## 11. 坡口选择的原则有哪些？

（1）是否能保证焊件焊透；

（2）坡口的形状是否容易加工；

（3）应尽可能地提高生产率、节省填充金属；

（4）焊件焊后变形应尽可能小。

## 12. 什么是焊趾？

焊趾是焊缝表面与母材的交界处（见图 2-2-4）。

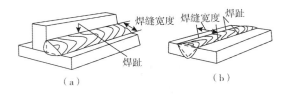

（a）　　　　　　　　　（b）

图 2-2-4　焊缝焊趾示意图

## 13. 什么是向下立焊和向上立焊？

（1）立焊时，电弧自上向下进行的焊接叫向下立焊，如纤维素焊条向下立焊、$CO_2$熔化极气保焊向下立焊等。主要应用于长输管线焊接施工。

（2）立焊时，电弧自下向上进行的焊接叫向上立焊。它是目前石油化工建设中常见的焊接工艺。

### 14. 焊缝形状和尺寸有哪些？

焊缝形状和尺寸如下（见图2-2-5）：

（1）焊缝宽度：焊缝表面与母材的交界处叫焊趾，两焊趾之间的距离叫焊缝宽度。

（2）余高：对接焊缝中，超出表面焊趾连线的那部分焊缝金属的高度叫余高。

（3）熔深：在焊接接头横截面上，母材熔化的深度叫熔深。

（4）焊缝厚度：在焊缝横截面中，从焊缝正面到焊缝背面的距离叫焊缝厚度。

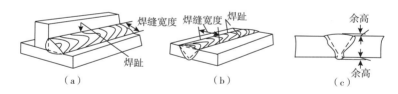

图2-2-5　焊缝形状和尺寸

# 第三章　常用金属材料的焊接

## 第一节　碳素钢的焊接

### 1. 什么是碳素钢？常用的有哪几种？

碳素钢也叫碳钢，常用焊接的有低碳钢（含 C ≤0.25%）、中碳钢（含 C = 0.25% ~ 0.60%）和优质碳素结构钢（20、35、45）等。

### 2. 碳素钢特性是什么？

碳素钢是以铁为基体，以碳为主要合金元素的铁碳合金，碳钢中除了含有铁、碳元素外，还有少量硅、锰、硫、磷等杂质。碳素钢是工业中应用最广的金属材料。

### 3. 碳素结构钢的牌号由哪几部分组成？Q235A 牌号中字母与数字所代表的是什么？

碳素结构钢的牌号由代表钢材屈服强度的字母、屈服强度值、质量等级符号、脱氧方法符号四部分按顺序组成。

材料牌号 Q235A 中的"Q"代表钢材屈服强度"屈"字汉语拼音首字首，"235"表示屈服强度 $\sigma_s \geqslant 235\text{MPa}$，"A"表示质量等级为 A 级。

### 4. 常用的低碳钢牌号有哪些？

按照 NB/T 47014《承压设备焊接工艺评定》标准，10、20、

20G、Q235A、Q235B、Q235C、Q245R、L245、L290S 等都属于低碳钢牌号。

### 5. 优质碳素钢 20# 的牌号含义是什么？

20# 表示钢中平均含碳量为 0.20% 的优质碳素钢。

### 6. 低碳钢的焊接性有哪些？

由于低碳钢含碳量低，锰、硅含量也少，所以通常情况下不会因焊接而产生严重硬化组织或淬火组织。低碳钢焊后的接头塑性和韧性良好，焊接时，一般不需要预热、控制道间温度和后热，焊后也不必采用热处理改善组织，整个焊接过程不必采用特殊的工艺措施，焊接性优良。

### 7. 适用于碳素钢的焊接方法有哪些？

由于低碳钢是焊接性最好的钢种，所以各种焊接方法都在低碳钢焊接中得到应用。

石油化工装置安装施工中常用的是焊条电弧焊、熔化极气体保护焊、氩弧焊、埋弧焊等。

### 8. 碳钢材料选择焊接材料的原则是什么？

一般按照焊接接头与母材等强度原则选择焊材。

### 9. 碳素钢管道当材料厚度超过多少时，需要进行焊前预热？

按照 SH 3501《石油化工有毒、可燃介质钢质管道施工及验收规范》之规定，当碳钢壁厚超过 19mm 时，需对坡口两侧进行均匀加热不低于 80℃，预热范围应为坡口中心两侧不小于壁厚的 5 倍，且不小于 100mm。

### 10. 低碳钢在低温下的焊接有哪些要点？

在严寒冬天或类似的气温条件下焊接低碳钢结构，焊接接头冷却速度较快，从而裂纹倾向增大，特别是焊接大厚度或大刚度结构更是如此。其中，多层焊接的第 1 道焊缝比其他焊层开裂倾向大。

为避免裂纹，可以采取以下措施：焊前预热，焊时保持层间温度；采用低氢或超低氢焊接材料；点固焊时选择合适焊接电流，适当增大点固焊缝截面和长度，必要时进行预热；整条焊缝连续焊完，尽量避免中断；不在坡口以外的母材上引弧，熄弧时，弧坑要填满；改善严寒下劳动生产条件等。

### 11. 对接焊缝钨极氩弧焊打底有何操作技巧？

手工钨极氩弧焊打底通常采用左向焊法（焊接过程中焊接热源从接头右端向左端移动，并指向待焊部分的操作方法），故将试件装配间隙大端放在左侧。引弧在试件右端定位焊缝上引弧。

引弧时，采用较长的电弧（弧长约为 4 ~ 7mm），使坡口外预热 4 ~ 5s。引弧后预热引弧处，当定位焊缝左端形成熔池并出现熔孔后开始送丝。焊接打底层时，采用较小的焊枪倾角和较小的焊接电流。焊丝送入要均匀，焊枪移动要平稳、速度一致。

焊接时，要密切注意焊接熔池的变化，随时调节有关工艺参数，保证背面焊缝成型良好。当熔池增大、焊缝变宽并出现下凹时，说明熔池温度过高，应减小焊枪与焊件倾角，加快焊接速度；当熔池减小时，说明熔池温度过低，应增加焊枪与焊件夹角，减慢焊接速度（见图 2-3-1）。

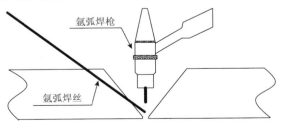

图 2-3-1　焊丝、焊枪与焊件角度示意图

收弧时，当更换焊丝或暂停焊接时，松开焊枪上按钮开关（使用接触引弧焊枪时，立即将电弧移至坡口边缘上快速灭弧），停止送丝，借焊机电流衰减熄弧，但焊枪仍需对准熔池进行保护，待其完全冷却后方能移开焊枪。停弧后，氩气延时约 10 s 关闭，从而防止熔池金属在高温下氧化。

### 12. 低碳钢钢板 T 形接头的熔化极气保焊焊接操作要领是什么？

焊接时采用左焊法，调好焊接工艺参数后，在试板的右端引弧，从右向左方向焊接（见图 2-3-2）。

焊枪指向距根部 1～2mm 处，由于采用的焊接电流比较大，焊接速度可以稍快，焊接过程中，要适当摆动，引弧电压不能过低或焊接速度慢，这样的话会出现铁水下淌，造成焊缝的下垂。引弧电压不能过高，焊接速度要适中，否则会引起焊缝的咬边和焊瘤。焊枪的摆动幅度要一致，速度要均匀，避免发生咬边。焊接完毕后，将焊缝处的飞溅清理干净。

图 2-3-2　形角焊缝焊接成型

### 13. 埋弧焊时，焊接电流对焊缝的影响有哪些？电弧电压对焊缝的影响有哪些？

埋弧焊时，增大焊接电流，熔深增加，焊缝厚度增加，热输入增加；反之亦反。当增加电弧电压时，熔深减小，熔宽增大，焊剂熔化量增大。

### 14. 埋弧焊时，焊接速度对焊缝的影响有哪些？

焊接速度增大，熔宽、熔深与焊缝厚度降低，易产生未熔合；焊接速度减小，熔宽、熔深与焊缝厚度增加，易击穿焊缝；焊接速度过小，会使熔池存在时间过长，导致焊缝金属组织恶化。

### 15. 埋弧焊时，如何判断熔池位置？

埋弧焊时，可通过以下方式判断熔池位置(见图2-3-3)：

(1)看闪光　焊剂堆高不要太高，焊接过程中能够看到一点闪光，闪光的范围就是熔池的位置。

(2)看标记　带有光标设备的机器，焊接前将光标调校好，按照光标确定熔池位置。没有光标设备的机器，焊接前调整焊缝指针，通过指针判断熔池位置。

(3)看焊缝　观察刚焊完的焊缝，确定熔池位置。

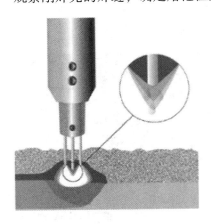

图2-3-3　埋弧焊熔池示意图

### 16. 埋弧焊时，如何判断电弧燃烧情况？

可通过听电弧燃烧的声音来判断。当焊接参数匹配合理时，电弧燃烧会发出连续、均匀、顺畅的"呲啦"声。当出现断续的、不连贯的、异常的声响时，此时的焊接参数调整不合理。图2-3-4为施工现场的管道埋弧焊。

图2-3-4 施工现场的管道埋弧焊

## 17. 气电立焊焊接过程中气孔产生的原因是什么？有何解决措施？

气电立焊(见图2-3-5)焊接过程中气孔产生的原因主要有以下几个方面：

(1)保护气体原因(包括焊接前未开保护气、气路漏气、保护气用完后未及时更换、铜滑块气窗堵塞、外界环境风速较大)；

(2)潮湿(包括水冷铜衬垫漏水、母材及坡口表面有水、锈、油污等杂质、焊丝吸湿受潮或表面有锈)。

解决措施如下：

(1)开启保护气，检查气路有无漏气，清除滑块气窗表面的飞溅，高空风速较大焊接时关好焊接机架的挡风门，采取挡风措施；

(2)检查维修水冷铜滑块各水路接头，焊前清理母材表面水锈油污及杂质。更换使用保存完好的焊丝。

图 2-3-5　施工现场的气电立焊

## 18. 气电立焊焊接咬边产生的原因及解决措施有哪些?

气电立焊焊接产生咬边的原因主要有铜滑块位置与焊缝位置未对齐、焊接过程中熔池铁水中熔渣较多未能及时排出、焊缝两侧母材过度熔化。

解决措施有:焊接过程中时刻注意观察滑块气窗中心与焊缝中心对正,防止滑块跑偏,降低熔池液面位置使熔渣及时排出,选用合理的焊接工艺参数,焊缝两侧不要熔敷过宽。

# 第二节　低合金钢的焊接

## 1. 什么是普通低合金钢?

在普通低合金钢中,除碳以外,还含有少量其他元素(如锰、硅、钒、钼、钛、铝、铌、铜、硼、磷、稀土等),综合性能发生变化，得到比一般碳钢更优良的性能，如强度钢 Q345R、低温钢 16MnDR、耐热钢 15CrMo 等。

### 2. 低合金高强度钢的焊接工艺有哪些？

预热；控制线能量；采取降低含氢量的工艺措施；后热及焊后热处理。

### 3. 低合金高强度钢的焊接方法主要有哪些？

低合金钢可采用焊条电弧焊、钨极氩弧焊、熔化极气体保护焊、埋弧焊等焊接方法。这主要取决于产品结构、板厚、性能要求和生产条件等。

其中在石油化工装置施工中埋弧焊、钨极氩弧焊、焊条电弧焊和熔化极气体保护焊是常用的焊接方法。

### 4. 低合金高强钢焊接材料的选择原则是什么？

焊接材料的选择首先应保证焊逢金属的强度、塑性、韧性达到产品的技术要求，同时还应该考虑抗裂性及焊接生产效率等。

由于低合金高强度钢氢致裂纹敏感性较强，因此，选择焊接材料时应优先采用低氢焊条和碱度适中的埋弧焊焊剂。

### 5. 为什么低合金高强钢会出现裂纹？有哪些影响因素？

低合金高强钢随含碳量和合金元素的增加，产生冷裂纹的敏感性增加（见图 2-3-6）。

产生冷裂纹的三要素是：①焊接接头中产生淬硬的马氏体组织；②焊接接头中扩散氢[H]含量高；③焊接接头中有较高的残余应力。

图 2-3-6　低合金钢焊缝裂纹

### 6. 防止冷裂纹有哪些措施?

防止冷裂纹要采取的工艺措施有:

(1)建立低氢的焊接环境。如焊条严格烘干、坡口严格清理、适当预热。

(2)制定合理的焊接工艺和焊接顺序。如焊接方法的选择、焊接热输入量的选定、焊接顺序的制定。

(3)焊前进行预热和控制道间温度(100~150℃)。

(4)焊后立即进行消氢处理(300~350℃)。

(5)焊后热处理(600~650℃)。

### 7. 对于厚板、拘束度大及冷裂倾向大的焊接结构,应采取哪些措施?

应选用超低氢焊接材料,以提高抗裂性能,提高预热温度。厚板、大拘束度焊件,第一层打底焊缝容易产生裂纹,此时可选用强度稍低及塑性、韧性良好的低氢或超低氢焊接材料。

# 第三节 铬钼耐热钢的焊接

## 1. 什么是耐热钢？

在高温条件下，具有抗氧化性和足够的高温强度以及良好的耐热性能的钢称为耐热钢。耐热钢按其性能可分为抗氧化钢和热强钢两类。

抗氧化钢又简称不起皮钢。热强钢是指在高温下具有良好的抗氧化性能并具有较高的高温强度的钢。

耐热钢按其正火组织可分为奥氏体耐热钢、马氏体耐热钢、铁素体耐热钢及珠光体耐热钢等。

耐热钢和不锈耐酸钢在使用范围上互有交叉，一些不锈钢兼具耐热钢特性，既可用作不锈耐酸钢，也可作耐热钢使用，如304H、347H 等。

## 2. 常用的耐热钢有哪些？

耐热钢管道主要用作锅炉水冷壁、过热器、再热器、省煤器、集箱和蒸汽导管等以及石化、核能用的热交换器管等。要求材料有高的蠕变极限，持久强度及持久塑性，良好的抗氧化性和耐蚀性，足够的组织稳定性及良好的可焊性和冷热加工性能。主要的牌号有 12CrMo、15CrMo、12Cr2Mo、12Cr1MoV、12Cr2MoWVTiB 等。

石油化工、煤的气化、核电及电站中大量使用低合金的耐热钢板制作压力容器。主要牌号有 15CrMo（1.0Cr－0.5Mo）、12Cr2Mo1（2.25Cr－1Mo）及 12Cr1MoV 等。

### 3. 什么是铬钼耐热钢？

铬钼耐热钢的合金元素以铬、钼为主，总量一般不超过 5%。这类钢在 500~600℃ 有良好的高温强度及工艺性能，价格较低，广泛用于制作 600℃ 以下的耐热部件，如锅炉钢管、紧固件及高压容器、管道等。典型钢种有 15CrMo、12Cr1MoV、12Cr2MoWVTiB、0Cr2Mo1、25Cr2Mo1V、20Cr3MoWV 等。

### 4. 珠光体耐热钢的焊接特性有哪些？

珠光体耐热钢焊接时的主要问题是淬硬倾向大，易产生冷裂纹和再热裂纹。

（1）淬硬倾向较大，易产生冷裂纹。由于珠光体耐热钢含有铬、钼等合金元素，焊接性较差，热影响区具有较大的淬硬倾向。焊接过程中参数过大、焊后在空气中冷却速度较快，焊后在空气中冷却时热影响区常会出现硬脆的马氏体组织；在低温焊接或焊接刚性较大的结构时，易产生冷裂纹。

（2）焊后热处理过程中易产生再热裂纹。珠光体耐热钢含有 Cr、Mo、V、Ti、Nb 等强烈的碳化物形成元素，从而使焊接接头过热区在焊后热处理（高温回火）过程中易产生再热裂纹。

### 5. 珠光体耐热钢的焊接工艺有哪些？

预热；保温焊；连续焊；减少焊接应力；后热处理；焊后热处理。

### 6. 珠光体耐热钢焊接时，选择焊接材料的原则是什么？

低合金耐热钢焊接材料的选择原则是焊缝金属的合金成分与强度性能，应基本符合母材标准规定的下限值或应达到产品技术条件规定的最低性能指标。

### 7. 珠光体耐热钢焊接时，防止冷裂纹的措施是什么？

（1）预热 预热是焊接珠光体耐热钢的重要工艺措施。不论是定位焊还是正式施焊，焊件都应按照标准预热到 80～150℃，焊接过程中，道间温度不低于预热温度（见图 2-3-7）。

（2）焊后缓冷 焊后应立即用保温被覆盖焊缝及热影响区，或者进行消氢处理，使其缓慢冷却。

（3）焊后热处理 焊后应立即进行高温回火，防止产生延迟裂纹，消除应力和改善组织。

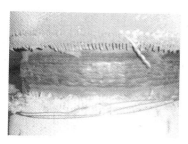

图 2-3-7 耐热钢的预热

### 8. 耐热钢当焊接过程中断，再次焊接时，应该采取怎样的措施？

由于特殊情况中断焊接，应对焊缝立即后热或消氢处理，重新施焊前，应按照原工艺进行预热后焊接，焊接过程中，道间温度不低于预热温度。

### 9. 珠光体耐热钢焊后一般进行什么形式热处理？

珠光体耐热钢一般只进行高温回火处理，消除应力和改善组织性能。按照 SH/T 3520《石油化工铬钼钢焊接规范》规定，热处理温度根据合金含量控制在 650～760℃之间（见表 2-3-1）。

**表 2-3-1　焊后热处理规范(SH/T 3520《石油化工铬钼钢焊接规范》)**

| 母材类别 | 名义厚度 $\delta$/mm | 碳含量/% | 热处理温度/℃ | 保温时间/(min/mm) | 相应焊后热处理厚度下，最短保温时间/h | | |
| --- | --- | --- | --- | --- | --- | --- | --- |
| | | | | | ≤50mm | 50~125mm | >125mm |
| C-Mo | ≤16[a] | ≤0.25 | 600~650 | 2.4 | $\dfrac{\delta}{25}$,最少0.5 | $2+\dfrac{\delta-50}{100}$ | |
| | >16 | 全部 | | | | | |
| Cr≤0.5% | ≤16[a] | ≤0.25 | 600~650 | 2.4 | | | |
| | >16 | 全部 | | | | | |
| 0.5%<Cr ≤2%[b] | >13[a] | ≤0.15 | 650~700 | 2.4 | | | |
| | 全部 | >0.15 | | | | | |
| 2.25%≤Cr ≤3% | >13[a] | ≤0.15 | 700~760 | 2.4 | | | |
| | 全部 | >0.15 | 700~760 | 2.4 | | | |
| 3%<Cr ≤10% | 全部 | 全部 | 700~760 | 2.4 | | | |
| 9Cr-1Mo-V | 全部 | 全部 | 730~775[c] | 2.4 | $\dfrac{\delta}{25}$ | $5+\dfrac{\delta-125}{100}$ | |

a 对于特定腐蚀介质的管道，全部厚度应根据设计要求进行热处理。

b 对于公称成分 1Cr-0.5Mo-V 和 1.5Cr-1Mo-V 的材料，当壁厚≥6mm 时，焊件进行热处理，热处理温度库 720~750℃。

c 当名义厚度≤13mm 时，热处理温度最低可降为 720℃。

## 10. 耐热钢钨极氩弧焊打底时，为什么有些材料需要焊缝背面惰性气体保护，有些材料就不需要？

依据 SH/T 3520《石油化工铬钼钢焊接规范》的规定，耐热钢管道底层焊道宜采用钨极气体保护焊方法进行焊接，对铬含量公称成分大于 2.25% 的焊件进行钨极氩弧焊打底时，焊缝背面应充惰性气体保护。

### 11. 耐热钢钨极氩弧焊打底时为什么焊肉要有足够厚度？

由于铬钼耐热钢空淬倾向大，当打底焊肉较薄、冷却速度过快时，焊道会形成淬硬组织导致打底层开裂。

### 12. 耐热钢钨极氩弧焊收弧方法有哪些？

最好采用有高频控制装置和电流衰减功能的焊机。如果没有，可采用以下方法收弧：

（1）将电弧引到坡口一侧熄弧；

（2）熄弧前往熔池中加焊丝熄弧；

（3）将电弧引到焊道前方熄弧。

所有方法的目的是：逐渐降低熔池温度，形成饱满的熔池，防止产生裂纹和缩孔。

### 13. 耐热钢钨极氩弧焊仰焊部位打底有什么技巧？

（1）采用三步三点起弧法可防止仰焊部位打底背面内凹。具体步骤如下：

①起弧在坡口一侧形成一个高于母材的焊点，熄弧；

②在坡口另一侧起弧并形成一个高于母材的焊点，熄弧；

③在两个焊点中间起弧，添加焊丝把两个焊点连接起来形成初始焊缝；

④在没有烧塌初始焊缝的情况下开始正常打底焊接。如果发现有烧塌现象即刻熄弧，等温度降下来后再重新起弧焊接。

（2）焊枪前倾角不宜过大，防止电弧对坡口提前预热导致母材温度过高。

（3）采用内填丝法，即焊丝处在背面给送。

（4）采用连续送丝法，即焊丝不间断给送，利用焊丝给熔池降温，使熔池尽快冷却成形。

### 14. 耐热钢焊条电弧焊起弧时注意事项有哪些?

(1)为保证焊条焊接头质量,起弧点应在接头处前方一定距离引燃电弧,保持电弧燃烧,缓慢向接头处移动焊条,目的是将焊条端部燃烧不完全的部分铁水摊到焊缝表面,不至于将隐患缺陷带入接头处;

(2)电弧引致接头中心部位,焊条摆动至所需宽度;

(3)焊肉高度与前面焊缝一致后开始正常焊接。

### 15. 耐热钢焊条电弧焊熄弧时注意事项有哪些?

熄弧时应将电弧引致坡口一侧熄弧;焊条稍作停留,弧坑要填满;避免在焊缝中心熄弧,防止产生弧坑裂纹;采用反复断弧法熄弧;采用画圈法熄弧。这些熄弧方法的目的是为了降低熄弧处熔池温度,防止产生弧坑裂纹和缩孔。

### 16. 耐热钢焊条电弧焊为什么采用短弧焊接?

耐热钢空淬倾向和冷裂纹倾向非常大,因此选用碱性低氢型药皮焊条、低氢型焊条焊接时要求采用短弧焊接,防止产生气孔等焊接缺陷。一般电弧长度为焊条直径的 $0.5 \sim 1$ 倍。

### 17. 为什么耐热钢焊条电弧焊焊缝两侧有夹沟? 如何克服?

由于耐热钢中含有铬、钼等合金元素,导热性变差,热量不易散开,焊接过程中焊缝中心的温度高,焊接时容易导致焊缝中间高,两侧有夹沟。

克服方法:采用小参数,适当延长焊条在坡口两侧的停留时间,来补偿焊缝两侧温度;焊条摆动时,缩短中间停留时间;立焊位置焊接时,采用反月牙形或"⌒"形摆动。

# 第四节 奥氏体不锈钢的焊接

## 1. 什么是奥氏体不锈钢?

含铬量大于12%且能抵抗大气腐蚀,具有良好化学稳定性的钢称为不锈钢(见图2-3-8)。

奥氏体不锈钢是指在常温下具有奥氏体组织的不锈钢。钢中含 Cr 约18%、Ni 8% ~ 10%、C 约0.1%时,具有稳定的奥氏体组织。奥氏体不锈钢无磁性而且具有高韧性和塑性,但强度较低,不可能通过相变使之强化,仅能通过冷加工进行强化。

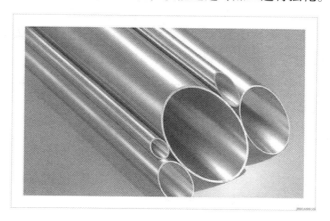

图2-3-8 不锈钢

## 2. 奥氏体不锈钢按照化学成分含量大致分为几类?

奥氏体不锈钢按照化学成分含量大致可分为 Cr18 – Ni8 型、Cr18 – Ni12Mo 型、Cr23 – Ni13 型、Cr25 – Ni20 型(见图2-3-9)。

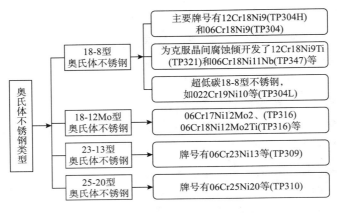

图 2-3-9　奥式体不锈钢类型

### 3. 奥氏体不锈钢耐腐蚀的原因是什么？

铬对钢表面氧化生成紧密黏附的富铬氧化物（氧化膜）保护表面，防止进一步地氧化，从而起到耐腐蚀作用。

### 4. 奥氏体不锈钢与焊接有关的物理性能主要有哪些？

（1）不锈钢的热导率低于碳钢，约为碳钢的 1/3。

（2）不锈钢的电阻率高，约为碳钢的 5 倍。

（3）奥氏体不锈钢的线膨胀系数比碳钢约大 50%。

（4）奥氏体不锈钢的密度大于碳钢。

（5）奥氏体不锈钢没有磁性。

（6）奥氏体不锈钢比其他不锈钢具有更优良的耐腐蚀性、耐热性良好，强度和硬度不高，塑性和韧性很好，是应用最广泛的一种不锈钢。

### 5. 什么是奥氏体不锈钢的晶间腐蚀？

奥氏体不锈钢耐腐蚀能力的必要条件是铬的质量分数达到 12% 以上。当在一定温度下（450~850℃）时，碳在不锈钢晶粒内部的扩散速度大于铬的扩散速度，并在奥氏体晶粒边界形成碳化铬，当晶界铬的含量小于10%时，形成"贫铬区"，从而大大降低耐腐蚀能力，成为晶间腐蚀(见图2-3-10)。

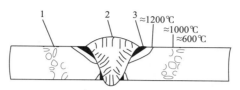

图2-3-10 不锈钢的晶间腐蚀原理

1—HAZ敏化区；2—焊缝区；3—熔合区

### 6. 减少和防止奥氏体不锈钢晶间腐蚀的措施有哪些？

在焊接奥氏体不锈钢时，可用下列措施防止和减少焊件产生晶间腐蚀：

①控制含碳量 碳是造成晶间腐蚀的主要元素，含碳量越高，在晶界处形成的碳化铬越多，晶间腐蚀倾向增大，所以焊接时尽量采用超低碳（C≤0.03%）不锈钢焊接材料。

②添加稳定剂 在钢材和焊接材料中加入钛、铌等与碳亲和力比铬强的元素，能够与碳结合成稳定的碳化物，从而避免在奥氏体晶界造成贫铬。常用的不锈钢材和焊接材料都含有钛和铌，如 06Cr18Ni10Ti、06Cr18Ni10Nb 钢 材 及 E347 - 16 焊 条、H0Cr18Ni9Nb 焊丝等。

③稳定化热处理 焊后把焊接接头加热到850~900℃保温2h进行稳定化热处理，此时奥氏体晶粒内部的铬扩散到晶界，晶界处含铬量又重新达到了大于12%，这样就不会产生晶间腐蚀。

④采用双相组织 在焊缝中加入铁素体形成元素，如铬、硅、铝、钼等，以使焊缝形成奥氏体加铁素体的双相组织。因为铬在铁素体中扩散速度比在奥氏体中快，因此铬在铁素体内较快地向晶界扩散，减轻了奥氏体晶界的贫铬现象。一般控制焊缝金

属中铁素体含量为 5%～10%，如铁素体过多，会使焊缝变脆。

⑤快速冷却　因为奥氏体钢不会产生淬硬现象，所以在焊接过程中，可以设法增加焊接接头的冷却速度，如焊件下面用铜垫板或直接浇水冷却。

在焊接工艺上，可以采用小电流、快焊速、断弧、多道焊等措施，缩短焊接接头在敏化温度区（450～850℃）停留的时间，以免形成贫铬区。此外，还必须注意焊接顺序，尽量不使它受重复的焊接热循环作用。

### 7. 奥氏体不锈钢焊接时采用超低碳焊接材料的原因是什么？

奥氏体不锈钢焊接时，含碳量是造成晶间腐蚀的主要元素，选用焊材尽量采用超低碳（C≤0.03%）不锈钢焊接材料，目的是为了控制焊缝中碳化铬偏析倾向。

### 8. 奥氏体不锈钢中加入钛（铌）元素的目的是什么？

奥氏体不锈钢内添加钛（铌）元素，是由于钛（铌）元素远比铬元素活跃，焊接过程中，钛（铌）元素提前和碳进行结合，保持焊缝中铬元素含量，解决奥氏体不锈钢的"晶间腐蚀"倾向。

### 9. 奥氏体不锈钢焊接热裂纹产生的原因有哪些？

（1）奥氏体不锈钢的导热系数小，约为低碳钢的50%，而线膨胀系数却大得多，所以焊后在接头中会产生较大的焊接内应力。

（2）奥氏体不锈钢中的成分如碳、硫、磷、镍等，会在熔池中形成低熔点共晶。例如，硫与镍形成的 NiS + Ni 的熔点为644℃。

（3）奥氏体不锈钢的液、固相线的区间较大，结晶时间较长，且奥氏体结晶方向性强，所以杂质偏析现象比较严重。

## 10. 奥氏体不锈钢焊接为什么焊接时一般不预热?

奥氏体不锈钢预热会使热影响区在敏化温度区(450～850℃)的停留时间增加,会增加晶间腐蚀倾向。因此,在焊接奥氏体不锈钢时,一般不进行预热。

## 11. 奥氏体不锈钢焊接接头热裂纹有哪些特征?

奥氏体不锈钢具有较高的热裂纹敏感性,在焊缝及近缝区都有产生热裂纹的可能(见图2-3-11)。热裂纹通常可分为凝固裂纹、液化裂纹和高温失塑裂纹三大类。凝固裂纹主要发生在焊缝区,常见的弧坑裂纹就是凝固裂纹。液化裂纹多出现在靠近熔合线的近缝区。在多层多道焊缝中,层道间也有可能出现液化裂纹。对于高温失塑裂纹,通常发生在焊缝金属凝固结晶完了的高温区。

图2-3-11　不锈钢焊缝中的裂纹

### 12. 奥氏体不锈钢产生热裂纹有哪些基本原因？

奥氏体不锈钢的物理特性是热导率小、线膨胀系数大，因此在焊接的局部加热和冷却条件下，焊接接头部位的高温停留时间较长，焊缝金属及近缝区在高温承受较高的拉伸应力与拉伸应变，这是产生热裂纹的基本条件之一。

### 13. 为什么奥氏体不锈钢焊接变形与收缩较碳钢大？

与碳钢相比，其热导率低，约为碳钢的1/3，导致热量传递速度缓慢，热变形增大；再则奥氏体不锈钢的线膨胀系数又比碳钢大50%左右，更引起加热时热膨胀量和冷却时收缩量的增加，焊后变形量较大。事实证明，焊接变形量的大小与焊接参数的选择、焊接顺序的正确性、操作的合理性都有一定的关系。为了尽量减少奥氏体不锈钢焊接变形和焊后收缩引起焊件尺寸的不足，对接接头的焊接构件要留有足够的收缩余量。

### 14. 奥氏体不锈钢焊接变形矫正特点是什么？

矫正的方法有局部加热矫正和冷矫正两种。在矫正18-8型不锈钢的焊接变形时，如果该焊接结构对耐腐蚀性能有要求时，建议不采用热矫正的方法。这是由于热矫正过程中，若加热温度控制不当，可导致焊接构件耐腐蚀性能降低，这点要引起重视。通常，都是采用冷矫正的方法来矫正18-8型不锈钢焊接构件的变形。

### 15. 奥氏体不锈钢焊接材料选择的依据是什么？

奥氏体不锈钢焊接材料选择依据是化学成分不低于母材，同时考虑抗拉强度、耐腐蚀性能相当。常用奥式体不锈钢焊接材料的选用见表2-3-2。

**表 2 - 3 - 2 常用奥氏体不锈钢焊接材料选用一览表**

| 类别 | 钢号 | | 焊丝 | | 焊条 | |
|---|---|---|---|---|---|---|
| | 国内 | 国外 | 型号 | 牌号 | 型号 | 牌号 |
| 铬镍奥氏体不锈钢 | 06Cr18Ni9 | TP304 | ER308 | H08Cr21Ni10Si | E308 - 15 | A107 |
| | 00r19Ni10 | TP304L | ER308L | H03Cr21Ni10Si | E308L - 16 | A002 |
| | 06Cr18Ni9Ti | TP321H | ER347 | H08Cr20Ni10Nb | E347 - 15 | A137 |
| | 0Cr18Ni10Ti | TP321 | | | | |
| | 06Cr18Ni11Nb | TP347、TP347H | ER347 | H08Cr20Ni10Nb | E347 - 15 | A137 |
| | 00Cr17Ni14Mo2 | TP316L | ER316L | H03Cr19Ni12Mo2Si | E316l - 16 | A022 |
| | 06Cr17Ni12Mo2 | TP316 | ER316 | H08Cr19Ni12Mo2Si | E316 - 15 | A207 |

## 16. 奥氏体不锈钢的钨极氩弧焊有哪些特点?

奥氏体不锈钢的钨极氩弧焊的特点是焊接质量优良(见图 2 - 3 - 12),广泛用于管道的封底焊缝及薄壁管道的焊接。钨极氩弧焊的保护气体通常采用纯 Ar,当进行管道封底焊接时,还应采用纯 Ar 或纯 N 进行焊缝背面保护,以防止根部焊道的氧化。

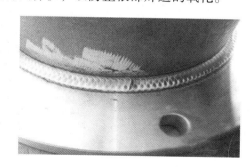

图 2-3-12 美观的钨极氩弧焊焊缝

### 17. 奥氏体不锈钢的焊条焊有哪些特点?

焊接时尽量选用小的热输入,即在保证焊接质量的前提下采用小的焊接电流和较快的焊接速度,减小焊接线能量,采用多层多道焊时,道间温度小于150℃,施焊过程中焊条采用小摆动或者不摆动的焊接技巧。

### 18. 奥氏体不锈钢 ER308L 焊丝中,字母"L"表示什么意思?

奥氏体不锈钢 ER308L 焊丝中,字母"L"表示该焊丝为超低碳焊丝。适用于焊接奥氏体 304L 材料。

### 19. 奥氏体不锈钢的熔化极气保焊有哪些特点?

熔化极气体保护焊的特点是具有较高的熔敷效率,既可采用较灵活的机动焊,也可实现自动焊(见图 2-3-13)。

对于熔化极气体保护焊的保护气体,当采用实心焊丝时,焊接电源需为脉冲弧电源,采用保护气 $Ar80\% +20\% He$、$Ar99\% +1\% O_2$、$Ar98\% +2\% CO_2$ 进行焊接;当采用药芯焊丝时,可采用 $Ar80\% +20\% CO_2$ 甚至 $100\% CO_2$。

图 2-3-13　施工现场的熔化极气保焊

## 20. 不锈钢管道钨极氩弧焊封底焊接要点有哪些？

（1）钨极氩弧焊打底时焊接电流值比低碳钢焊接时低20%左右；由于不锈钢导热性差，铁水熔点高，打底焊接时，一般采用断续"点送丝"。为防止焊缝内凹，打底层采用仰焊内添丝，立、平焊位置外填丝法进行施焊。

（2）打底焊接引弧前先将管腔内空气置换满足焊接要求后，再进行焊接，停弧时氩气延时约10s关闭，防止熔池金属在高温下氧化。

（3）在过6点5mm处起焊，不论什么位置的焊接，钨极都要垂直管子的轴心，这样才能更好地控制熔池的大小，而且可使喷嘴均匀地保护熔池不被氧化。12点收尾处打磨成斜坡状，焊至斜坡时，暂停送丝，用电弧把斜坡处熔化成熔孔，最后收口。注意焊到后半圈剩一小半时，减小内部保护气体流量，以防止气压过大而使焊缝内凹。

（4）不锈钢钢管焊接时变形大，易产生热裂纹，因此，焊接过程中需控制热输入量，采用小线能量，小电流焊接，冷却速度快，严格控制层间温度在150℃以下。

## 21. 不锈钢采用钨极氩弧焊进行摇把焊接要点有哪些？

焊接时，利用手腕的摆动使氩弧焊枪喷嘴依靠在坡口或前一道焊缝上，呈扇形摆动，同时填充焊丝。焊接时，焊嘴扇形均匀地摆动加大了氩气的保护范围，有效保护熔池。表面质量形同自动焊焊缝。摇把对作业空间要求较大。因手臂需要摆动，在受限空间不能操作。

（1）操作时根据喷嘴直径及根焊层厚度调整钨极伸出长度，使钨极尖与熔池保持1~2mm距离；操作时焊枪喷嘴轻轻靠在坡口上（或前一道焊缝上），钨极尖直接摆到坡口两侧使母材熔化；

同时焊枪不要用力按在坡口上，防止摆动时喷嘴打滑。

（2）摇把时钨极呈45°角上升，焊丝放在熔池中心偏上，然后垂直下降，利用焊枪圆形喷嘴滚动作月牙形或者Z形摆动（见图2-3-14）；手持焊枪沿逆时针作画圆圈动作，焊枪摆动时要稳匀不能过快，焊枪就会自动向前行走。

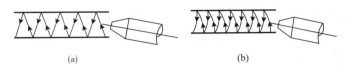

(a)          (b)

图2-3-14　焊枪摆动形式

（3）送丝时，焊丝不离开熔池。同时电弧不能在原地停留，熔化即走，防止过烧氧化影响成型质量。

（4）收弧时，电弧应由焊缝中心向外拉至坡口面处衰减熄灭，并要注意控制速度，不能过快，以免产生缩孔。

（5）选择合适的焊接规范参数，提高操作技术水平及熟练程度，送丝及时、到位准确、摆动一致（见图2-3-15）。

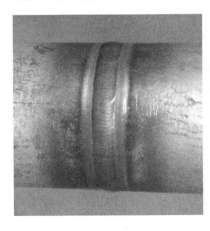

图2-3-15　焊枪摇摆式焊接焊缝

## 22. 不锈钢的焊条电弧焊接工艺有哪些?

(1)不锈钢焊条焊时,一般采用直流电源。

(2)由于不锈钢导热性差,铁水降温差,不宜凝固,焊条焊时,一般仰焊、立焊采用断弧焊,平、横焊位置采用连弧焊。焊接时尽量采用小直径焊条,避免铁水堆积,熔池不凝固流淌,导致成型不良。所以焊接时应选择小电流,快速焊,厚壁材料时采用多层多道焊,短弧焊接。

(3)焊接时,焊条与管子的角度根据焊接位置确定,仰焊、立焊时一般焊条后倾10°~20°,平焊时前倾10°~20°。采用小月牙形摆动,两侧稍作停留稳弧,中间速度稍快,这样可以避免焊缝凸起,不平整。

(4)填充找平时,要注意坡口边缘不要被电弧破坏,便于盖面层焊接。

(5)盖面时应在坡口边缘稍作停顿,以保证熔池与边缘良好熔合。焊接过程中,焊条摆动幅度和频率要适当,以保证盖面层焊缝表面尺寸和边缘熔合整齐。

(6)收弧时,采取反复断弧收弧法、画圈收弧法、回焊收弧法等方法填满弧坑,这样可防止收弧处产生裂纹及焊接接尾处凹陷和夹渣(见图2-3-16)。

## 23. 不锈钢药芯焊丝 FCAW 焊接工艺要点有哪些?

保护气体一般采用纯 $CO_2$ 气体作为保护气体。采用直流反接极性。焊丝干伸长度一般为 15~20mm。采用左焊法时可视性好,熔深小,焊道宽而平;采用右焊法时熔池被电弧力吹向后方,因此电弧热量直接作用到母材上,而获得较大熔深,焊道窄而深,电弧较稳定且飞溅小。焊接时应根据实际情况进行选择(见图2-3-17)。

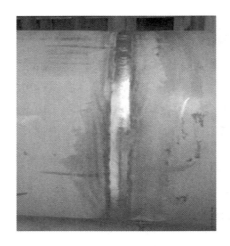

图 2-3-16　不锈钢焊条焊焊缝

图 2-3-17　不锈钢药芯焊丝 FCAW 焊接焊缝

## 24. 不锈钢实心焊丝脉冲 MIG 焊接工艺要点有哪些?

不锈钢实心焊丝 MIG 焊接时，一般采用带有脉冲功能的熔化极气保焊机。采用氩气中加入 1%～2%氧或者二氧化碳，这种氧化气体能使熔池表面产生轻微氧化作用，以稳定阴极斑点，改善电子发射能力和减小电弧飘移，并降低不锈钢的熔滴和熔池的表面张力，熔池液态金属流动性增强，提高了焊缝表面的铺展润湿性，容易获得稳定的不锈钢实心焊丝脉冲喷射过渡，焊缝熔深、熔宽适中，焊道成型美观(见图2-3-18)。焊接时主要技巧如下：

(1)不锈钢热膨胀率、电导率均与低合金钢差别较大，且熔池流动性差。焊接时，注意电弧在两侧停顿，摆弧频率不要过快。焊枪摆动幅度、频率、速度及边缘停留时间配合应适当，动作要协调一致，使焊缝边缘熔合整齐，以保证填充层质量。

(2)填充、盖面焊接时焊枪角度一般保证80°～100°，如果焊枪过于后倾，会造成热量低，铁水流动性不好，两侧容易形成未熔合。

(3)填充、盖面过程中，电弧移动要快，不要在熔池上重复燃烧，否则，氧化性气体会造成液态熔池过分氧化，出现"噼噼叭叭"的声音，熔池出现沸腾现象，不利于焊接。

(4)焊接过程中，采用多层多道焊接，控制道间温度在150℃以下，焊缝自然冷却，以防热量累积而导致晶粒粗大，弯曲试验不合格，并有利于抗晶间腐蚀能力。

(5)不锈钢实心焊丝中含有Si元素，Si元素具有较强的氧化性，加大了熔池的表面张力和铁水的流动性。所以，焊接时熔池清晰，铁水流动性好，浸润性好，飞溅较少，焊缝表面呈金黄色。采购焊丝时应优先考虑选择含Si元素不锈钢焊丝。

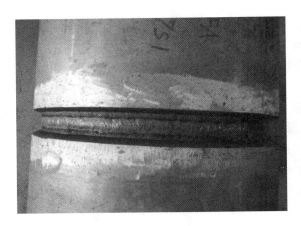

图 2-3-18　不锈钢的实心焊丝熔化极 MIG 焊缝

## 25. 不锈钢管道埋弧焊接要点有哪些？

不锈钢管道埋弧焊接，一般采用变位机将管子转动，埋弧焊枪和焊剂在平焊位置焊接的焊接方法。其焊接效率高，质量稳定，没有弧光，劳动条件好。焊接时应注意以下几点：

（1）管道埋弧焊第一层焊接时，焊接参数要合理地匹配，既要保证电弧稳定燃烧，又要防止烧穿底层焊缝，方可进行管道埋弧焊。

（2）埋弧焊枪角度，适当往垂直位置转动反方向前移 20~30mm，适当调整焊接速度，以克服由于不锈钢导热较差、热量容易集中、铁水不容易凝固、容易流淌而形成驼峰焊缝（见图 2-3-19）。

（3）坡口角度可适当减小，以减少填充金属，提高焊接效率，但同时应考虑便于清渣和焊缝成型，管道坡口为 50°~60°为宜。

（4）注意焊接厚度，如果过厚，容易造成清渣困难，同时势必造成热量集中及焊缝晶粒粗大，造成焊缝潜在缺陷，因此每层厚度一般为 2~4mm 为宜。

图 2-3-19　熔池位置要点

（5）注意焊接参数匹配，由于不锈钢材料具有电阻大、导热性较差的特点，焊接电压应适当增大。经过反复试验，$\phi1.6\text{mm}$ 焊丝，电压为 38V 左右为宜。

（6）注意接头方法方式，推荐采用交错连续式焊接接头，可连续焊接完成整个焊缝的焊接，尽量避免多接头，以免出现缺陷（见图 2-3-20）。

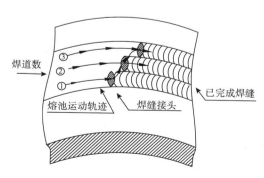

图 2-3-20　接头要点

（7）焊剂选择时注意颗粒度，一般采用 40~60 目规格焊剂。焊剂太粗，容易出现焊剂漏嘴输送焊剂不均匀，焊剂太细，熔池残余气体不能及时溢出，造成焊缝缺陷，同时还要考虑容易清渣。

（8）控制好干伸长度，减小对熔池和药剂的影响，一般推荐干伸长度为 20～30mm。

# 第五节　不锈钢复合材料的焊接

## 1. 什么是不锈钢复合板？

不锈钢复合板是由覆层（不锈钢）和基层（碳钢、低合金钢等）通过爆炸、机械复合而成的双金属材料（见图 2-3-21）。不锈钢复合板中的基层主要是为了满足结构强度与刚度的要求，覆层主要是为了满足耐腐蚀性能的要求，覆层厚度一般为总厚度的10%～20%，多为 3～5mm。

不锈钢复合板的制造方法有爆炸焊、复合轧制、堆焊等，是一种成本低、具有良好综合性能的金属材料，广泛应用于石油、化工等领域。

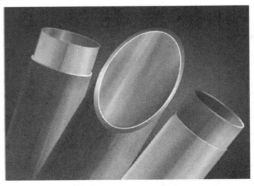

图 2-3-21　不锈钢复合管

### 2. 不锈钢复合板的焊接性有哪些?

(1)不锈钢复合板焊接基层时，如果熔化了部分覆层不锈钢板，焊缝中铬、镍合金元素增加，基层焊缝中会形成硬脆组织，使焊缝金属的硬度、脆性提高，塑性、冲击韧性下降，甚至产生裂纹。

(2)不锈钢复合板的焊接，关键是过渡层的焊接。过渡层由于两种钢材化学成分、物理性能差别较大。焊接时会带来下列问题：①母材化学成分易稀释；②易产生碳迁移过渡层；③熔合区易产生淬硬组织；④接头存在较大的残余应力。

(3)不锈钢复合板焊接覆层时，要避免增碳，因覆层焊缝增碳会大大降低其耐腐蚀性。

### 3. 不锈钢复合板的焊接特点有哪些?

不锈钢复合板焊接时，为了保证不锈钢复合钢板保持原有的综合性能，覆层和基层必须分别进行焊接，即把不锈钢复合板接头的焊接分为：基层的焊接、覆层的焊接和基层与复层交界处过渡区(过渡层)的焊接三部分。

基层和覆层的焊接工艺与单独焊接这两类材料的工艺相同，属于同种材料的焊接，其焊接性、焊接材料选择和焊接工艺等由基层和覆层材料决定；过渡层的焊接属于异种钢的焊接，其焊接性主要决定于基层和覆层的化学性能、物理性能、接头形式和填充金属等。过渡层的焊接是不锈钢复合板焊接的关键。

### 4. 不锈钢复合板选用焊条要点是什么?

应考虑对基层、覆层、过渡层的焊接选用三种不同性能的焊条。

(1)对基层(碳钢或低合金钢)的焊接，选用相应强度等级的结构钢焊条；

（2）覆层直接与腐蚀介质接触，应选用相应成分的奥氏体不锈钢焊条；

（3）关键是过渡层（即覆层与基层交界面）的焊接，必须考虑基体材料的稀释作用，应选用铬、镍含量较高、塑性和抗裂性好的 25 – 13（A302）型奥氏体钢焊条或焊丝。

### 5. 为什么奥氏体不锈钢和碳钢、低合金钢焊接（异种钢焊接）要选用 25 – 13 系列的焊丝及焊条？

焊接奥氏体不锈钢和碳钢、低合金钢相连的异种钢焊接接头，焊缝熔敷金属必须采用 25 – 13 系列的焊丝（ER309、ER309L）及焊条（A312、A307 等）。如采用其他不锈钢焊材，在碳钢、低合金钢一侧熔合线上将产生马氏体组织，会产生冷裂纹（注：按照 SH/T 3523 标准，当材料设计使用温度大于 315℃ 时，宜选用镍基焊材）。

### 6. 不锈钢复合板下料时有哪些要求？

一般用机加工或等离子切割。用等离子切割时方向是从复层往基层，即复层朝上。切割时应采取措施避免将切割熔渣溅落在复层表面上。对剪切不锈钢复合板，也是复层朝上。但无论用等离子还是剪切下料，都要留有余量，以便后面加工去掉受影响部分。坡口加工一般用机加工制备。

### 7. 不锈钢复合板坡口形式及焊接顺序有哪些要点？

SH/T 3527《石油化工不锈钢复合钢焊接规程》中规定：不锈钢复合材料焊接应先焊基层，后焊过渡层和复层，且焊接基层时不得将基层金属沉积在复层上。当条件受到限制时，也可先焊复层，后焊过渡层和基层，在这种情况下，基层的焊接应选用与过渡层焊接相同的焊接材料。

由于大部分不锈钢复合板的复层厚度为 2 ~ 3mm，按照焊工操作经验，焊条电弧焊层间厚度基本为焊条直径。根据经验值，焊接接头的过渡层、复层焊接厚度大约为 3mm，都会超过复层 2mm 的厚度。所以，焊接时稍有不慎，过渡段铁水就会影响到复层，使复层失去不锈钢的作用。

　　为了克服以上问题，一般选择采用 X 形坡口形式，坡口角度为 65°±5°，以保证焊透和容易清渣。焊接顺序是首先完成基层焊缝的焊接；然后复层侧进行清根，清根时要求超过复合点深度 2～3mm；焊接时，过渡层焊肉超过复合点 0.5～1mm，以保证过渡段质量，然后完成复层焊接。坡口形式如图 2-3-22 所示。

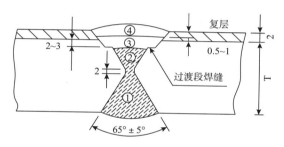

图 2-3-22　不锈钢复合板的坡口形式和焊接顺序
①，②基层焊道；③过渡层焊道；④复层焊道

## 8. 不锈钢复合材料焊接时应注意哪些事项？

　　(1)装配时点焊缝只能在基层上进行，无论点焊还是焊接都必须对复层进行保护，以避免碳钢(特别是飞溅物)污染复层。打磨过碳钢(包括基层)的砂轮片不能再用于复层打磨。

　　(2)不锈钢复合板错边对焊接影响很大(错边量过大时，碳钢很容易渗入不锈钢焊缝中，以致焊后产生裂纹或焊后复层焊缝生锈)，因此应在装配时严格控制坡口的错边量。

　　(3)不得用碳钢、低合金焊材在复层母材、过渡层焊缝和复层焊缝上施焊。过渡层焊缝应同时熔合基层焊缝、基层母材和复层母材，且应盖满基层焊缝和基层母材。

（4）焊接过渡层和复层时先焊两侧，再焊中间焊道，两相临焊道之间重叠 1/3～1/2，但应注意焊条摆动的幅度不要太大，摆动幅度一般为焊条直径的 0.5～1.0 倍；复层焊缝表面应平滑，焊道凹陷深度不大于 1.5mm，焊缝金属与母材应平缓过渡，不能形成台阶。对不符合要求的焊缝可以用小直径焊条补焊再用砂轮修磨。

过渡层焊缝不能高于复层，以便于复层焊缝焊接，不然就要用砂轮打磨。

### 9. 不锈钢复合板焊缝返修应注意哪些事项？

对需要返修的过渡层或复合层焊缝，一律不准用碳弧气刨，只准用砂轮打磨清除缺陷，以避免碳钢和不锈钢相互渗入。当缺陷位于过渡层和基层之间时，也可从基层焊缝磨起，可按过渡层进行焊接，焊接时可在背面复层浇水冷却，以保证防止晶间腐蚀。任何不锈钢复合板返修都应编制焊缝返修工艺卡后才能开始返修。

## 第六节　异种钢材料的焊接

### 1. 异种金属焊接的概念是什么？

异种金属的焊接是指两种或两种以上的不同金属（指其化学成分、物理性能、金相组织和力学性能等不同）在一定的焊接工艺条件下进行焊接操作的过程。

### 2. 异种金属有哪些焊接特点？

（1）化学成分的不均匀性。异种金属焊接时，焊缝两侧的金属和焊缝的合金成分有明显差异，这种化学成分的不均匀性随着焊缝形状、母材厚度、焊条药皮或焊剂、保护气体种类、焊接工艺参数等的不同而不同。

（2）组织的不均匀性。由于焊接热循环的作用，焊接接头各区域的组织也不相同，像熔合区这样的区域常会出现相当复杂的组织结构。组织不均匀性与母材和填充材料的化学成分、焊接方法、焊道层次、焊接工艺以及焊后热处理工艺等有关。

（3）性能的不均匀性。由于组织、化学成分的不均匀性，使焊接接头的力学性能也呈现出不均匀性，特别是焊缝两侧的热影响区冲击值变化更大。同样高温性能如持久强度、蠕变强度变化也很大。

（4）应力场分布的不均匀性。组织和化学成分的不均匀性，使焊接接头不同区域的热膨胀系数和导热系数也不同，造成各区域的热变形差异，产生不同的应力，从而引起应力场分布的不均匀性。

### 3. 珠光体钢与奥氏体不锈钢的异种钢焊接性有哪些？

由于珠光体钢在化学成分、金相组织、物理性能及力学性能等方面与奥氏体钢有较大差异，因此，焊接接头的成分和性能变化较为复杂，使珠光体钢与奥氏体钢的异种钢焊接变得困难。

### 4. 珠光体钢与奥氏体不锈钢的焊接工艺要点有哪些？

（1）选择焊接参数时，应尽量降低熔合比，减少焊缝金属被稀释，应采用大坡口、小电流、快速、多层焊等工艺。

（2）尽量采用小的焊接热输入。

（3）焊接时需要预热的，预热温度应按珠光体钢确定，且道间温度不低于预热温度。

（4）由于线膨胀系数不同，借助适当的接头设计和接头布置可改变应力分布，长焊缝应分段跳焊。

（5）焊后需要热处理时，温度的选择应选两种钢中允许的相对低的温度。

## 5. 壁厚 12mm 低碳钢 Q235B 与低合金高强钢 12MnNiVR 异种钢焊条电弧焊焊接有哪些焊接要点及注意事项？

按照标准规范，推荐焊条选用 E4315，焊前不需要预热，焊后不需要热处理，焊接过程中采用短弧操作，多层多道焊，摆幅不超过焊条直径的 3 倍。

低碳钢与低合金高强钢焊接选材优先按照低碳钢侧材料选择焊材，但是需要有合格的焊接工艺评定支持。

## 6. 低碳钢 A106Gr. B 与低温钢 A333Gr. 6 异种钢氩电联焊焊接有哪些焊接要点及注意事项？

按照标准规范，推荐焊材选用 TIG – 56 氩弧焊丝 + J427 焊条，焊前根据母材壁厚选择是否进行焊前预热、焊后热处理，焊接过程中采用短弧操作，多层多道焊，摆幅不超过焊条直径的 3 倍。由于低温钢侧有低温冲击的要求，所以焊接过程中应严格控制道间温度和焊接线能量。

## 7. 低碳钢 20# 与不锈钢 TP 304 异种钢焊条电弧焊焊接有哪些焊接要点及注意事项？

按照标准规范，低碳钢与不锈钢焊接应考虑碳钢侧母材对焊缝金属的稀释所以要等成分，还要考虑焊缝焊后的组织与不锈钢母材侧一致，所以焊材选用时一般要选用 A302（E309），焊接过程中严格控制道间温度 < 150℃，多层多道焊，每层厚度以不超过焊条直径为宜，焊接时焊丝及焊条角度应倾斜于碳钢侧，以减少碳钢侧母材对焊缝的稀释。

## 8. 耐热钢 1Cr5Mo 与耐热钢 P91 异种钢氩电联焊焊接有哪些焊接要点及注意事项？

依据 SH/T 3520《石油化工铬钼钢焊接规范》规定，焊材选用 TG–S5CM 氩弧焊丝 + R507（E5515–5CM）焊条，预热温度 ≥ 200℃，焊后热处理温度为 730~775℃，氩弧焊打底时背面需要充氩保护，对于厚壁管道的焊接，为防止背面烧穿，氩弧焊打底层最好焊接 2 层，耐热钢焊接时应注意保证预热温度及保持道间温度不低于预热温度，并注意坡口宽度较宽时及时分道焊接。

# 第七节　有色金属的焊接

## 1. 常见的有色金属有哪些？

目前石油化工装置常用的有色金属主要有铝镁合金、钛合金、铜合金、镍基合金等。

## 2. 常用的铝合金的牌号有哪些？

依据 GB/T 3880.1《一般工业用铝及铝合金板、带材》，目前石油化工装置常用的铝镁合金牌号有 5083、5086、5A06 等。

依据 GB/T 10858《铝及铝合金焊丝》，常用铝镁合金焊丝牌号有 SAl5183、SAl5356 等。

## 3. 铝镁合金的特性是什么？

铝属于面心立方晶格，无同素异构转变，无低温脆性转变，强度低，塑性高，表面易形成致密的 $Al_2O_3$ 保护膜，耐蚀性好，比强度高（抗拉强度/密度）。铝及铝合金具有热容量大、熔化潜热高、导电、导热以及在低温下能保持良好力学性能等特点。

### 4. 铝镁合金的焊接容易出现的焊接缺陷有哪些？

容易出现的焊接缺陷有：铝的氧化；气孔；热裂纹；塌陷、焊穿；接头不等强；合金元素的蒸发和烧损；无色泽变化等。

### 5. 铝镁合金的焊接方法有哪些？

铝镁合金的焊接方法须根据铝合金的牌号、焊件厚度、产品结构、生产条件以及焊接接头质量要求等因素加以选择。常用的焊接方法有钨极氩弧焊、钨极脉冲氩弧焊、熔化极脉冲气体保护焊等。

目前石油化工建设中，主要采用的是交流钨极氩弧焊，有条件的情况下可使用熔化极脉冲气保焊。

### 6. 铝镁合金焊接如何防止焊缝中出现气孔？

（1）采用大电流，适当延长熔池存在时间，以利于气孔（见图2-3-23）溢出。

（2）焊枪作适当摆动，形成扁平状熔池，以利于气孔溢出。

（3）焊接区域、焊丝、手套保持清洁。

（4）母材和焊丝保持干燥，必要时焊前烘烤焊丝和母材，清除内部结晶水。

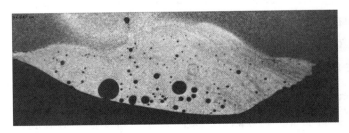

图2-3-23　铝镁合金焊缝中的气孔

### 7. 铝镁合金常用焊接方法有哪些？

目前常用的焊接方法有交流氩弧焊接、熔化极 MIG 焊。

### 8. 黄铜的焊接特性有哪些？

黄铜焊接时除了具有紫铜焊接时所存在的问题以外，还有一个问题就是锌的蒸发。锌的熔点为 420℃，燃点为 906℃，所以在焊接过程中，锌极易蒸发，在焊接区形成锌的白色烟雾。锌的蒸发不但改变了焊缝的化学成分，降低焊接接头的力学性能，而且使操作变得困难，且锌是有毒气体，直接影响焊工的身体健康。黄铜的导热系数比紫铜小，焊接时对预热的要求比紫铜低得多。

### 9. 黄铜钨极氩弧焊技巧有哪些？

黄铜为铜锌合金，由于锌的熔点低，焊接过程中，锌蒸发会影响焊接，可采用以下方法用钨极氩弧焊焊接黄铜：采用右向焊法焊接；起弧后将钨极扎到熔池中，电弧会排开锌，保护钨极。

### 10. 黄铜的气焊工艺要点有哪些？

先在焊接部位撒上硼砂粉，一般采用左焊法，以减小焊缝金属的过热，并改善焊缝的成型。在气焊操作中，应尽量避免高温焰心与熔池金属直接接触。否则，容易引起熔池内锌的继续氧化烧损和增加有害气体的溶解，导致焊缝金属内产生蜂窝样气孔。焊接时，在保证焊透的情况下，应尽量加快焊接速度。

### 11. 石油化工建设中常见钛材有哪些牌号？

石油化工建设中常见工业纯钛牌号有 TA1、TA2、TA3（焊丝牌号同母材牌号）。

### 12. 钛合金有哪些物理特性？

钛合金的熔化温度高、热容量大、电阻率大，热导率比铝、铁等金属低得多，这些物理特性使钛合金的焊接熔池具有更高的温度、较大的熔池尺寸，热影响区金属在高温下的停留时间长，因此，易引起焊接接头的过热倾向，使晶粒变得粗大，接头的塑性显著降低。故在选择焊接工艺参数时，应尽量保证焊接接头（特别是热影响区金属）既不过热又不产生淬硬组织，一般采用小电流、高焊接速度的焊接工艺参数。

### 13. 钛合金的焊接特点有哪些？

钛的化学活性强，容易氧化；钛及钛合金的物理特性特殊；钛的纵向弹性模量比不锈钢小；易形成冷裂纹产；产生气孔的倾向较大。

### 14. 钛合金焊接材料如何选择？

目前，常用焊材原则上是选择与基体金属成分相同的钛丝。为提高钛合金焊缝金属的塑性，可选用强度比基体金属稍低的焊丝。钛丝的杂质含量要少，其表面不得有皱皮、裂纹、氧化物、金属或非金属夹杂等缺陷。

### 15. 钛合金焊接方法如何选择？

钛合金性质非常活泼，与氧、氮、氢的亲和力大，普通焊条电弧焊、气焊及埋弧焊等都不适用于钛合金的焊接。目前，钨极氩弧焊是常用的焊接方法。现场施工时多为敞开式焊接，即在大气环境下的普通钨极氩弧焊。该方法利用焊枪喷嘴、拖罩和背面保护装置通上适当流量的氩气，并把焊接高温区和空气隔开，以防止空气侵入而污染焊接区的金属，是一种局部气体保护焊接方法（见图2-3-24）。

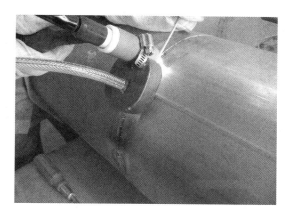

图 2-3-24 钛材管道的喷嘴加拖罩焊接

## 16. 钛合金焊接时如何防止打底内凹？

非仰焊部位打底，当间隙 < 3mm 时，延长钨极伸出长度，将钨极伸到坡口里面一点，电弧将两侧坡口烧出熔孔，焊丝搭在熔孔前端，焊丝熔化后流淌进熔池。

仰焊部位打底要预留足够间隙，保证焊丝能够伸到坡口里面，从内部送丝。

## 17. 钛合金焊接时如何控制熔池温度？

采用快速焊法，焊层要薄；采用大直径焊丝填充、盖面；一次添加足够量的焊丝，缩短电弧加热熔池的时间。

## 18. 钛合金焊接时如何鉴别背面保护气浓度？

用焊枪加热焊丝端部至熔融状态，快速将焊丝伸到坡口背面，待焊丝凉透后拿出焊丝，观察焊丝端部颜色，银白色为最佳，金黄色为一般，其他颜色说明背部保护气置换不合格（见图 2-3-25）。

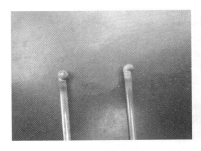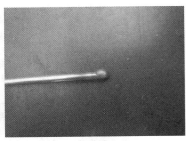

图 2-3-25　试验氩气纯度技巧

### 19. 钛合金焊接时如何提高焊缝保护效果？

拖罩尽可能挨近焊缝；尽量缩短熔池存在时间；添加焊丝要快，量要足；尽量减少电弧干烧时间。

### 20. 石油化工建设中常见镍合金有哪些牌号？

依据 SH/T 3523《石油化工铬镍不锈钢、铁镍合金和镍合金焊接规程》，石油化工建设中，常见的镍合金牌号有 Inconnel600、Inconnel625、Incoloy800、Incoloy825、HasteloyC276 等。

依据 GB/T 15007《耐蚀合金牌号》，镍合金国内牌号：NS1101 对应 Incoloy800；NS1402 对应 Incoloy825；NS3102 对应 Inconnel600；NS3306 对应 Inconnel625；NS3304 对应 HasteloyC276。

### 21. 镍合金的焊接性和要点有哪些？

（1）焊接热裂纹；

（2）气孔敏感性；

（3）镍合金焊材所形成的熔池熔深较浅；

（4）镍合金焊材所形成的熔池十分黏稠、润湿性差；

（5）采用小线能量、控制道间温度；

（6）焊前一般不预热、焊后不需热处理；

（7）保证氩气纯度。

## 22. 镍合金为什么容易出现焊接热裂纹？

低熔点晶间液膜和焊接拉伸应力是引发焊接热裂纹的冶金因素，焊缝中硫、磷等杂质对热裂纹倾向有很大影响，由于合金焊缝具有树枝状组织，在粗大晶粒的边界上，集中了一些低熔点共晶体和低熔点金属，特别是 Ni－S 共晶（熔点为 645℃）、Ni－P 共晶（熔点为 880℃）以及 O 和 Ni 形成的 Ni＋NiO 共晶（共晶温度为 1438℃），它们呈薄膜状分布在晶界之间，削弱了晶界间的联系，在拘束应力的作用下，易产生热裂纹。

## 23. 镍合金焊接防止热裂纹产生的措施有哪些？

首先应尽量降低焊缝金属中 S、Si 等杂质的含量，焊前坡口区域、焊丝等都要严格清理，严格控制母材中杂质的含量；其次还应向焊缝金属中添加适量的 Mn、Nb、Mo、Ti 等元素，以抵消 S、Si 等杂质的有害作用；再者采用小热输入焊接是非常必要的，焊前不预热，道间温度应尽量低。焊条电弧焊选用低氢焊条。

## 24. 镍合金钨极氩弧焊操作技巧有哪些？

（1）焊丝端部应处在氩气保护下，防止焊丝头高温氧化。

（2）焊丝给送要均匀，不能过快地送焊丝，防止产生氧化物夹杂。

（3）打底焊接头处应修成缓坡状，便于背面成型。

（4）焊层不能太厚，防止产生热裂纹。

（5）停弧后不要过早地抬起焊枪，让高温焊缝处在氩气保护下，防止高温氧化。

## 25. 镍合金焊条电弧焊有哪些操作技巧？

采用灭弧焊法焊接时，控制好灭弧频率和节奏；严格控制道间温度，焊层不能太厚；适当延长坡口两侧停留时间，防止产生夹沟。

# 第四章　典型结构的焊接

### 1. 什么是特种设备？

特种设备是指对人身和财产安全有较大危险性的锅炉、压力容器(含气瓶)、压力管道、电梯、起重机械、客运索道、大型游乐设施、场(厂)内专用机动车辆，以及法律、行政法规规定适用《中华人民共和国特种设备安全法》的其他特种设备。

石油石化工程建设中常用的特种设备主要为锅炉、压力容器、压力管道、起重机械等。

### 2. 哪些人员属于特种设备作业人员？

锅炉、压力容器(含气瓶)、压力管道、电梯、起重机械、客运索道、大型游乐设施、场(厂)内机动车辆等特种设备的作业人员及其相关管理人员统称特种设备作业人员。

石油化工建设单位的特种设备作业人员主要有电焊工、电工、起重工等工种。

### 3. 什么是压力容器？

压力容器是指盛装气体或者液体，承载一定压力的密闭设备。如石油化工球罐、塔器类容器等。

### 4. 压力容器根据设计压力的不同可分为哪几类？

压力容器根据设计压力($P$)分为低压、中压、高压、超高压四个压力等级，具体划分如下：

(1)低压(代号 L)：$0.1MPa \leqslant P < 1.6MPa$；

（2）中压（代号 M）：1.6MPa≤P<10.0MPa；

（3）高压（代号 H）：10.0MPa≤P<100.0MPa；

（4）超高压（代号 U）：P≥100.0MPa。

## 5. 压力容器焊接接头的分类有哪些？

根据 GB/T 150.1《压力容器　第 1 部分：通用要求》4.5.1 条规定，容器受压元件之间的焊接接头分为 A、B、C、D 四类，如图 2-4-1 所示。

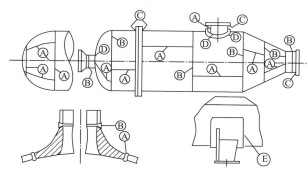

图 2-4-1　焊接接头分类

（1）圆筒部分（包括接管）和锥壳部分的纵向接头（多层包扎容器层板层纵向接头除外）、球形封头与圆筒连接的环向接头、各类凸形封头中的所有拼焊接头以及嵌入式的接管或凸缘与壳体对接连接的接头，均属 A 类焊接接头。

（2）壳体部分的环向接头、锥形封头小端与接管连接的接头、长颈法兰与接管连接的接头、平盖或管板与圆筒对接连接的接头以及接管间的对接环向接头，均属 B 类焊接接头，但已规定为 A 类的焊接接头除外。

（3）球冠形封头、平盖、管板与圆筒非对接连接的接头，法兰与壳体、接管连接的接头，内封头与圆筒的搭接接头以及多层包扎容器层板层纵向接头，均属 C 类焊接接头，但已规定为 A、

B 类焊接接头除外。

（4）接管（包括人孔圆筒）凸缘、补强圈等与壳体连接的接头，均属 D 类焊接接头，但已规定为 A、B、C 类的焊接接头除外。

非受压元件与受压元件的连接接头为 E 类焊接接头。

## 6. 压力管道的定义是什么？

国家质检总局 2014 年 10 月 30 日发布的《质检总局关于修订《特种设备目录》的公告（2014 年第 114 号）》所附特种设备目录第 8000 项中该定义为：压力管道，是指利用一定的压力，用于输送气体或者液体的管状设备，其范围规定为最高工作压力大于或者等于 0.1MPa（表压），介质为气体、液化气体、蒸汽或者可燃、易爆、有毒、有腐蚀性、最高工作温度高于或者等于标准沸点的液体，且公称直径大于或者等于 50mm 的管道。

石油化工压力管道常分为工艺管道（易燃、有毒介质管道）、公用管道（公用蒸汽、工业风、工业水等介质管线）、长输管道（见图 2-4-2）。

图 2-4-2　施工现场的管道

## 7. 压力管道主要分为哪几个级别？

压力管道分为长输（油气）管道（GA1、GA2）、公用管道（GB1、GB2）、工业管道（GC1、GC2、GC3）、动力管道（GD1、GD2）。

SH/T 3501《石油化工有毒、可燃介质钢制管道施工及验收规范》对有毒、可燃介质管道进行了分级(见表2-4-1)。

表2-4-1　可燃介质管道分级

| 序号 | 管道级别 | 输送介质 | 设计条件 | |
|---|---|---|---|---|
| | | | 设计压力 $P$/MPa | 设计温度 $t$/℃ |
| 1 | SHA1 | (1)极度危害介质(苯除外)、光气、丙烯腈 | — | — |
| | | (2)苯、高度危害介质(光气、丙烯腈除外)、中度危害介质、轻度危害介质 | $P \geqslant 10$ | — |
| | | | $4 \leqslant P < 10$ | $t \geqslant 400$ |
| | | | — | $t < -29$ |
| 2 | SHA2 | (3)苯、高度危害介质(光气、丙烯腈除外) | $4 \leqslant P < 10$ | $-29 \leqslant t < 400$ |
| | | | $P < 4$ | $t \geqslant -29$ |
| 3 | 5HA3 | (4)中度危害、轻度危害介质 | $4 \leqslant P < 10$ | $-29 \leqslant t < 400$ |
| | | (5)中度危害介质 | $P < 4$ | $t \geqslant -29$ |
| | | (6)轻度危害介质 | $P < 4$ | $t \geqslant 400$ |
| 4 | SHA4 | (7)轻度危害介质 | $P < 4$ | $-29 \leqslant t < 400$ |
| 5 | SHB1 | (8)甲类、乙类可燃气体介质和甲类、乙类、丙类可燃液体介质 | $P \geqslant 10$ | |
| | | | $4 \leqslant P \leqslant 10$ | $t \geqslant 400$ |
| | | | — | $t \leqslant -29$ |
| 6 | SHB2 | (9)甲类、乙类可燃气体介质和甲$_A$类、甲$_B$类可燃液体介质 | $4 \leqslant P < 10$ | $-29 \leqslant t < 400$ |
| | | (10)甲$_A$类可燃液体介质 | $P < 4$ | $t \geqslant -29$ |
| 7 | SHB3 | (11)甲类、乙类可燃气体介质、甲$_B$类可燃液体介质、乙类可燃液体介质 | $P < 40$ | $t \geqslant -29$ |
| | | (12)乙类、丙类可燃液体介质 | $4 \leqslant P < 10$ | $-29 \leqslant t < 400$ |
| | | (13)丙类可燃液体介质 | $P < 4$ | $t \geqslant 400$ |
| 8 | SHB4 | (14)丙类可燃液体介质 | $P < 40$ | $-29 \leqslant t < 400$ |

注：(1)常见的毒性介质和可燃介质参见本规范的附录A。

(2)管道级别代码的含义为：SH 代表石油化工行业、A 为有毒介质、B 为可燃介质、数字为管道的质量检查等级。

## 8. 什么样的设备称为锅炉?

锅炉是指利用各种燃料、电或者其他能源,将所盛装的液体加热到一定的参数,通过对外输出介质的形式提供热能的设备。

石油化工行业中多为开工锅炉、裂解炉、焚烧锅炉等。

## 9. 什么是钢结构? 钢结构行业通常分为哪几大类?

钢结构是指将钢板采用热轧、冷弯或焊接型材连接而成的能承受和传递荷载的结构形式(见图 2-4-3)。

图 2-4-3 施工现场的钢结构

钢结构行业通常分为轻型钢结构、高层钢结构、住宅钢结构、空间钢结构和桥梁钢结构 5 大类 。

石油化工建设行业一般为轻型钢结构、空间钢结构的施工安装,如管廊、设备框架、钢结构厂房等。

# 第三篇　质量控制

# 第一章　焊接缺欠和焊接缺陷

## 第一节　焊缝表面缺陷

### 1. 什么是焊接缺欠和焊接缺陷？焊接缺欠与焊接缺陷有什么不同？

在焊接接头中因焊接产生的金属不连续、不致密或连接不良的现象，称为焊接缺欠。不符合焊接产品使用性能要求的焊接缺欠，称为焊接缺陷。焊接缺陷是属于焊接缺欠中不可接受的一种缺欠，该缺欠必须经过修补产品才能使用，否则就是废品。

在焊接缺欠中，根据产品相应的制造技术条件的规定，凡不符合焊接产品使用性能要求的焊接缺欠即超过规定限值的缺欠称为焊接缺陷。

### 2. 焊缝表面缺陷有哪些？

（1）坡口形状或装配等不符合要求；

（2）焊缝形状、尺寸不符合要求，工件变形；

（3）咬边、表面气孔、夹渣、裂纹等 。

### 3. 什么是咬边？

咬边是指母材（或前一道熔敷金属）在焊趾处因焊接而产生的不规则缺口（见图3-1-1）。具有一定长度且无间断的咬边称为连续咬边；沿着焊缝间断、长度较短的咬边称为间断咬边；焊道之间纵向的咬边称为焊道间咬边；在焊道侧边或表面上呈不规则间断的、长度较短的咬边称为局部交错咬边。咬边减小了母材金属的工作截面，降低了工件的承载能力，同时还会造成应力集中，咬边产生的缺口越尖锐越深，则缺欠越严重，甚至发展为裂纹源。

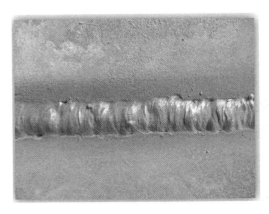

图 3-1-1　焊缝咬边

## 4. 咬边产生的原因和预防措施有哪些？

产生咬边的原因主要是焊接操作不恰当或焊接参数选择不对所致，例如焊条角度不当，电弧拉得太长，运条方式不当；电流太大，焊接速度太快，熔化的金属不能及时填补熔化的缺口。其次，直流电源焊接时电弧的磁偏吹也是产生咬边的一个原因，因此角焊中，采用交流电源焊接代替直流电源焊接也能有效防止咬边。另外，在横、立、仰焊位置也会加剧咬边。因此要加强焊工技能培训。如果仔细检查，所有的焊缝都有不同程度的咬边。有些咬边可能只有在金相试验中将焊缝界面腐蚀后经放大才会发现。当咬边的深度超过了允许的数值时，它才被视为不可接受的焊接缺陷。

### 5. 什么是焊瘤?

焊瘤是指覆盖在母材金属表面但未与其熔合的过多焊缝金属,在焊趾处的焊瘤称为焊趾焊瘤,在焊缝根部的焊瘤称为根部焊瘤。

### 6. 焊瘤产生的原因和预防措施有哪些?

焊瘤是一种表面缺欠,这种表面缺欠不仅会产生严重的机械缺口,而且会严重影响焊缝外观质量。产生焊瘤的原因是焊接工艺控制不好,焊接材料选用不当,或者焊前母材坡口制备不合适。另外,牢固附着在母材上的氧化物也会妨碍熔化,从而产生焊瘤。实际焊接过程中应适当降低焊接电流,加快焊接速度,适当调整焊条角度。焊瘤示意图如图3-1-2所示。

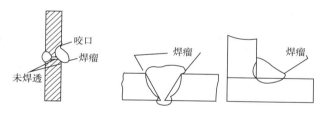

图3-1-2 焊瘤示意图

在立焊、仰焊不摆动焊时,熔池金属容易垂落,摆动焊时可以避免这一现象发生。小幅度摆动焊适用于打底焊,大幅度摆动焊适用于厚板的平焊、角焊、立焊和仰焊的中间层和盖面层。因此在实际焊接过程中应合理选择焊接参数,采用不同的运条手法。

### 7. 什么是烧穿?

烧穿是指焊接熔池塌落导致焊缝内的孔洞。烧穿会减少焊缝有效截面积,降低接头承载能力等。

## 8. 烧穿产生的原因和预防措施有哪些?

烧穿产生的原因是焊接电流过大，焊接顺序不合理，焊接速度太慢，根部间隙太大，钝边太小等。防止措施是选择合适的焊接电流和焊接速度，缩小根部间隙，提高操作技能。烧穿示意图如图 3-1-3 所示。

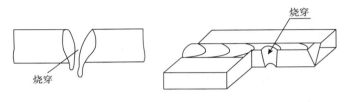

图 3-1-3　烧穿示意图

## 9. 什么是焊缝几何形状不良?

几何形状不良主要是指焊缝超高、凸度过大、焊缝宽度不齐、表面不规则、错边、角度偏差、焊缝接头不良、焊缝形状不良等缺欠。其形成原因主要是坡口角度不当，装配间隙不均匀，焊接参数选择不当，焊接电流过大或过小，焊接速度不均匀，运条手法不正确，焊条或焊丝直径选用不当等。

# 第二节　焊缝内部缺陷

## 1. 焊缝内部缺陷有哪些?

(1)接头内部的各种缺陷，如气孔、夹杂物、裂纹、未熔合等;

(2)焊缝或接头内出现偏析、显微组织不合要求等。

## 2. 什么是夹渣？

熔化焊接时的冶金反应产物，例如非金属杂质（氧化物、硫化物等）以及熔渣，由于焊接时未能逸出，或者多道焊接时清渣不干净，以至残留在焊缝金属内，称为夹渣或夹杂物。视其形态可分为点状和条状，其外形通常是不规则的，其位置可能在焊缝与母材交界处，也可能存在于焊缝内（见图3-1-4）。

 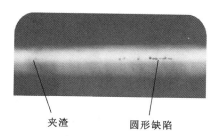

夹渣　　　　　　　圆形缺陷

图3-1-4　焊缝中的夹渣缺陷

## 3. 预防焊缝夹渣的措施有哪些？

（1）选用脱渣性、脱氧和脱硫性能好的焊条、焊剂；

（2）选用合适的坡口角度和合理的焊接工艺参数；

（3）运条要平稳，焊条摆动方式要利于熔渣上浮；

（4）仔细清理坡口边缘及焊丝表面油污，层间清理；

（5）双面焊时，一定要清除焊根后，再行施焊。

## 4. 什么是夹钨？

在采用钨极氩弧焊焊接时，钨极崩落的碎屑留在焊缝内则成为高密度夹杂物，俗称夹钨（见图3-1-5）。

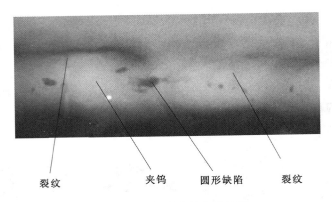

裂纹 　　　　夹钨　圆形缺陷　　裂纹

图 3-1-5　焊缝中的夹钨缺陷

## 5. 什么是裂纹？裂纹在焊缝中的危害有哪些？

裂纹是一种在固态下由局部断裂产生的缺欠（见图 3-1-6），通常源于冷却或应力。裂纹易引起较高的应力集中，而且有延伸和扩展的趋势，常常引起设备和构件的灾难性事故，所以是最危险的缺陷。因此，根据制造法规要求，对重要焊件中的裂纹无论其尺寸大小及位置如何，都是不允许的，必须清除掉。

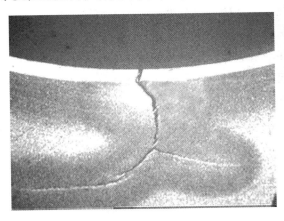

图 3-1-6　焊缝的裂纹

## 6. 裂纹按产生的机理可分为哪几类？

裂纹按产生的机理可分为冷裂纹、热裂纹、再热裂纹和层状撕裂。

## 7. 什么是冷裂纹？

冷裂纹是指焊接接头冷却到较低温度（对钢来说在 $M_s$ 温度以下）时，产生的焊接裂纹（见图3-1-7）。冷裂纹的特点是：

（1）冷裂纹发生在焊接之后，形成的温度约在 $200 \sim 300℃$，即马氏体转变温度范围。

（2）冷裂纹大多产生在基体金属上或基体金属与焊缝交界的熔合线上。

（3）露在接头金属表面的冷裂纹断口发亮，裂纹断面上无明显的氧化痕迹。

（4）冷裂纹可能发生在晶界上，也可能贯穿晶粒内部。

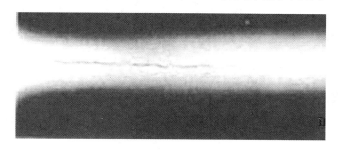

图3-1-7　焊缝的冷裂纹

## 8. 冷裂纹产生的主要因素有哪些？

产生冷裂纹的要素有：

（1）焊接热影响区和焊缝金属中存在塑性差、相变应力大的马氏体等淬硬组织。

（2）焊接热影响区和焊缝金属中氢的吸收和扩散。

（3）焊接接头拘束度大，残余应力大。

### 9. 冷裂纹的预防措施有哪些?

在焊接中，可以采取如下措施防止产生冷裂纹：

使用低氢焊接材料，焊接材料按要求烘干，保温随取随用；应清理待焊区域的水分、油污及铁锈和其他有可能产生氢原子的污物；采取焊前预热、控制道间温度、焊后缓冷或焊后消氢处理等措施，来降低冷却速度，改善组织，保证较低的应力水平；焊接时避免产生弧坑、咬边、未焊透等缺陷，以减少应力集中；合理设计接头和坡口，减小拘束度和残余应力。

### 10. 什么是热裂纹? 热裂纹有哪些特点?

焊接过程中，焊缝和热影响区金属冷却到固相线附近的高温区所产生的裂纹称为热裂纹（见图3-1-8）。热裂纹的特点是：

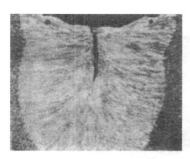

图3-1-8　焊缝的热裂纹

（1）热裂纹一般产生在焊缝的结晶过程中，故又称结晶裂纹或凝固裂纹。

（2）热裂纹绝大多数产生在焊缝金属中，有的是纵向，有的是横向。发生在弧坑中的热裂纹往往呈星状。有时热裂纹也会发展到母材中去。

（3）热裂纹大多数在焊缝中心或者处在焊缝两侧，其方向与焊缝的波纹线相垂直，露在焊缝表面的有明显的锯齿形状，也常有不明显的锯齿形状。

（4）氧在高温下进入露在焊缝表面的热裂纹内部，在裂纹断面上都可以发现明显的氧化痕迹。

## 11. 热裂纹的预防措施有哪些?

防止产生热裂纹的措施有：

（1）适当提高焊缝成形系数，即增加焊缝宽度，降低焊缝计算厚度，可采用多层多道焊法，改善散热条件，使低熔点物质上浮至焊缝表面而不存在于焊缝中，以降低偏析程度。

（2）合理选用焊接参数，采取预热和后热等措施，并保证道间温度不低于预热温度，减小焊接冷却速度，避免焊缝中出现淬硬组织。

（3）合理设计接头和坡口，采用合理的装配次序，减小拘束度和焊接应力。收弧时使焊缝金属填满弧坑，减少弧坑裂纹的产生。

（4）采用焊接热输入小的焊接工艺，减小热影响区过热段的尺寸。选用强度比母材低、没有沉淀倾向碳化物形成元素的焊接材料。使焊缝强度低于母材，以提高其塑性变形能力。正确选用消除应力热处理规范，避免焊件在敏感的温度区间停留。采用高温预热、后热，降低接头内应力。

## 12. 什么是再热裂纹?

焊后焊件在一定温度范围内再次加热（消除应力热处理或其他加热过程）而产生的裂纹，叫做再热裂纹（见图3-1-9）。

## 13. 再热裂纹产生的原因有哪些?

一般须同时具备下列四个条件才有可能产生再热裂纹：

（1）只有用 Cr、Mo、V、Ti、Nb 元素等沉淀强化的珠光体耐

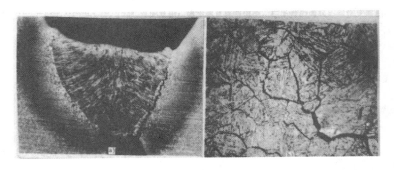

图 3-1-9　焊缝的再热裂纹

热钢、低合金高强钢及不锈钢等才产生再热裂纹。以 14MnMoNbB 钢为例，只有在调质状态，进行焊后热处理才产生再热裂纹。

（2）再热裂纹最容易产生在厚件和应力集中处。

（3）再热裂纹产生在一定的温度范围内，对于一般低合金高强钢约在 500~700℃，随钢种变化而异。

（4）一定的高温停留时间。

## 14. 再热裂纹的预防措施有哪些?

（1）降低残余应力，减少应力集中　在设计和工艺上都应设法改善应力状态，如进行预热和后热，减少焊缝余高保持平滑过渡，尽量减小接头几何形状的突变，必要时将焊趾处打磨平滑，并防止各类焊接缺欠引起的应力集中。

（2）选用低强度焊接材料　适当降低焊缝金属的强度，提高塑性。

（3）控制焊接线能量　严格控制线能量可降低再热裂纹倾向。

（4）增加中间热处理工序　若热处理为 620℃ 时，可先进行 550℃ 处理，再加热到 620℃ 以减少对 620℃ 处理的影响。

### 15. 什么是层状撕裂?

焊接时,在焊接构件中沿钢板轧层形成的呈阶梯状的一种裂纹称为层状撕裂(见图3-1-10)。

图3-1-10　材料的层状撕裂

### 16. 产生层状撕裂的要素有哪些?

产生层状撕裂的要素有:

(1)母材中沿钢板轧制方向分布了非金属夹杂物。

(2)焊接热影响区的应变时效和氢的吸收和扩散。

(3)焊接接头拘束度大,残余应力大。

### 17. 层状撕裂的预防措施有哪些?

预防层状撕裂的措施有:

(1)合理设计接头和坡口形式,减小材料厚度方向的拘束度和内部残余应力。

(2)从降低内应力的角度选择焊接参数。例如,采用焊缝收缩量最小的焊接顺序,选用具有良好变形能力(强度级别较低)的焊接材料。

(3)在与焊缝相连接的钢板表面堆焊几层低强度焊缝金属作

为过渡层，以避免夹杂物处于高温区。

（4）预热和使用低氢型焊条，以降低钢材对冷裂纹的敏感性。

## 18. 什么是气孔？

气孔是焊接时熔池中的气体在金属凝固过程中未来得及逸出，而在焊缝金属中残留下来所形成的孔穴（见图3-1-11）。

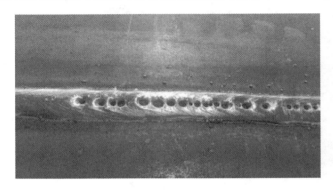

图3-1-11　焊缝中的气孔

## 19. 气孔产生的原因是什么？

气孔产生的原因主要是常温固态金属中的气体溶解度只有高温液态金属中气体溶解度的几十分之一至几百分之一，熔池金属在凝固过程中，有大量的气体要从金属中逸出。当金属凝固速度大于气体逸出速度时，就形成了气孔。

在焊接过程中促使焊缝形成气孔的气体有氢气、氮气和一氧化碳气体。氢气孔、氮气孔大多出现在焊缝表面；一氧化碳气孔多产生于焊缝内部并沿结晶方向分布。

## 20. 什么是氢气孔？产生氢气孔的原因是什么？

氢气孔分为表面和内部两种（见图3-1-12）。焊缝表面氢气孔一般出现在焊缝上，气孔断面形状如同螺钉状，在焊缝的表面上看呈喇叭口形，气孔的四周有光滑的内壁。焊缝内部氢气孔，通过射线检测判定，分单个和密集气孔，呈有规则的圆形状，一般在焊缝中间。

氢气孔主要是由焊接过程中的水造成的，如坡口表面油锈、污物、冷凝水以及焊条没有烘干、天气潮湿等，水在高温下分解为 H 和 CO，焊缝铁水凝固过程中没有及时析出，形成氢气孔。

 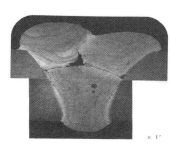

(a) 焊缝表面氢气孔　　　　　(b) 焊缝内部氢气孔

图 3-1-12　焊缝中的氢气孔

### 21. 氢气孔如何预防？

焊前严格清理坡口的油锈、污物，适当对坡口预热防止冷凝水，焊条按要求烘干，天气潮湿采取防潮措施等，主要为控制水和氢的来源，从而有效控制氢气孔。

### 22. 什么是氮气孔？产生氮气孔的原因是什么？

氮气孔多发生在焊缝表面，多数情况下成堆出现，与蜂窝相似。空气中的氮约占 78%，焊接过程中如果对熔池没有进行有效保护，如电弧过高、环境风速较大等，空气中的氮会侵入焊接熔池，从而形成氮气孔（见图 3-1-13）。

图 3-1-13　焊缝表面的氮气孔

## 23. 氮气孔如何克服？

施工中主要是防止氮气侵入熔池。注意施工现场落实防风措施，检查保护气路有无漏气，适当增大焊枪喷嘴的气流量，增加保护气挺度。

## 24. 什么是 CO 气孔？

CO 气孔是指在焊接碳钢时，由于冶金反应产生了大量的 CO，在结晶过程中来不及逸出而残留在焊缝内部形成的气孔。气孔沿结晶方向分布，有些像条虫状卧在焊缝内部（见图 3-1-4）。

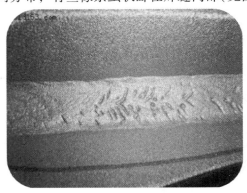

图 3-1-14　焊缝中的 CO 气孔

## 25. CO 气孔产生的原因是什么？

相关研究证明，熔池中的 FeO 和 C 发生如下的还原反应：

$$FeO + C \Longrightarrow Fe + CO$$

该反应在熔池处于结晶温度时进行得比较剧烈，由于这时熔池已开始凝固，CO 气体不易逸出，于是在焊缝中形成CO 气孔。

## 26. CO 气孔如何预防？

焊丝中含有足够的脱氧元素 Si 和 Mn，以及限制焊丝中的含碳量，就可以抑制 FeO 和 C 发生的还原反应，有效地防止 CO 气孔的产生。所以 $CO_2$ 电弧焊中，只要焊丝选择适当，产生 CO 气孔的可能性是很小的 。

## 27. 预防气孔的措施有哪些？

焊接中防止焊缝中产生气孔的常用方法是：

（1）仔细清除工件表面的污物，焊条电弧焊时在坡口两侧正反面各 10mm、埋弧焊时各 20mm 范围内去除锈、油并打磨至露出金属光泽，特别是在使用碱性焊条和埋弧焊时，更应做好清理工作。

（2）焊条和焊剂一定要严格按照规定的温度进行烘焙，烘干焊条时，每层焊条不能堆放太厚（一般 1~3 层），以免焊条烘干时受热不均和潮气不易排除。

（3）不应使用过大的焊接电流；采用直流电源施焊时，电源极性应为反接；碱性焊条施焊时，应采用短弧焊，否则引弧处容易形成气孔。

（4）气体保护焊时应调节气体流量至适当值，流量太小，保护不良，易使空气侵入形成气孔。

## 28. 什么是固体夹杂？防止产生固体夹杂的措施有哪些？

固体夹杂是指在焊缝金属中残留的固体杂物，可分为夹渣、焊剂夹杂、氧化物夹杂、金属夹杂等。

在焊接中防止固体夹杂产生的措施如下：

（1）当坡口尺寸不合理时，采用小直径焊条；

（2）坡口有污物时，要清理干净；

（3）多层焊时，层间清渣要彻底；

（4）焊接热输入小，熔渣流动性变差容易形成夹渣，所以要适当加大焊接电流；

（5）焊缝散热太快、液态金属凝固过快、容易形成夹渣，所以应适当降低冷却速度；

（6）焊条药皮、焊剂化学成分不合理，熔点过高，冶金反应不完全，脱渣性不好，所以要选择合适的焊条、焊剂；

（7）钨极惰性气体保护焊时，电源极性不当，电流大，钨极熔化脱落于熔池中，产生夹钨，应当选择正确的电源极性，使用适当的电流，避免夹钨；

（8）焊条电弧焊时，焊条摆动不良，不利于熔渣上浮，所以应正确摆动焊条，使熔渣上浮，以防止夹渣的产生。

### 29. 什么是未熔合？

未熔合是指焊缝金属和母材或焊缝金属和各焊层之间未结合的部分，有如下几种形式：侧壁未熔合、焊道间未熔合及根部未熔合（见图3-1-15）。

未熔合是一种面积型缺陷，应力集中比较严重，其危害性不次于裂纹。所以焊缝中的未熔合必须进行返修清除。

### 30. 焊接中防止产生未熔合的措施有哪些？

在焊接中防止产生未熔合的措施如下：

（1）焊接坡口表面要加强清理，因为坡口或焊道有氧化皮、焊渣等杂质，会导致一部分热量损失在熔化杂质上，剩余热量不

图 3-1-15　焊缝中的未熔合

足以熔化坡口或焊道金属；

（2）调整合理的焊接参数，如加大焊接电流、电弧电压，减小焊接速度；

（3）焊条或焊丝的摆动角度应避免偏离正常位置，否则熔化金属流动而覆盖到电弧作用较弱的未熔化部分，容易产生未熔合；

（4）电弧在坡口面应适当停留，保证熔合好。

## 31. 什么是未焊透？

未焊透指母材金属未熔化，焊缝金属没有进入接头根部的现象，如图 3-1-16 所示。

图 3-1-16　焊缝中的未焊透

## 32. 焊接中防止产生未焊透的措施有哪些？

在焊接中防止产生未焊透的措施如下：

（1）适当加大装配间隙，减小钝边厚度，加大坡口角度。

（2）调整焊接参数，如增大焊接电流，降低焊接速度；采用小直径焊条，双面焊时，要加强焊根清理。

（3）要注意焊条角度问题，防止焊条偏离焊道中心，包括磁偏吹和焊条偏心度。

## 33. 除常规的焊接缺欠外，焊接过程中焊工还应注意哪些缺欠？

（1）电弧擦伤　由于在坡口外引弧或起弧而造成焊缝邻近母材表面处的局部损伤称为电弧擦伤。焊接淬硬性高的低合金高强度钢时，电弧擦伤极易引起裂纹的产生，因此，应在引弧板或坡口内引弧。

（2）飞溅　焊接（或焊缝金属凝固）时，焊缝金属或填充材料崩溅出的颗粒称为飞溅。焊接完成后要及时清理。

（3）钨飞溅　从钨电极过渡到母材表面或凝固焊缝金属的钨颗粒称为钨飞溅。钨飞溅会降低工件的耐腐蚀能力或冲击韧性。因此在焊接中，一方面采用高频振荡器或高频脉冲引弧，另一方面操作时注意防止焊丝碰到钨极。

（4）表面撕裂　拆除临时焊接附件时造成的表面损伤称为表面撕裂。表面撕裂是裂纹源，因此应重视。

（5）磨痕或凿痕　容易造成应力集中。

（6）定位焊缺欠　是定位焊不当造成的缺欠，如定位焊点开裂或未熔合，或因定位焊未达到要求就施焊导致的缺欠。

## 34. 焊缝同一部位允许返修几次？

焊缝同一部位返修一般不应超过两次，焊缝返修应编制专项返修方案或返修工艺卡，一、二次返修由焊接技术人员编制返修工艺卡，报焊接责任工程师审批，或由焊接责任工程师直接编制。

超过两次以上的返修，在返修前应当经过施工单位技术负责人批准。

### 35. 有热处理工艺要求的焊缝返修有何要求？

有焊后消除应力热处理要求的，一般应当在热处理前返修；如在热处理后进行返修，返修后需经无损检测合格，对该部位重新热处理。

# 第二章　焊接变形与应力

## 第一节　焊接变形及措施

### 1. 焊接应力与变形产生的原因是什么？

产生焊接应力与变形的因素很多，其中最根本的原因是焊件受热不均匀；其次是由于焊缝金属的收缩、金相组织的变化及焊件的刚性不同导致；另外，焊缝在焊接结构中的位置、装配焊接顺序、焊接方法、焊接电流及焊接方向等对焊接应力与变形也有一定的影响。

### 2. 焊接变形的基本形式有哪些？

焊接变形的基本形式有收缩变形、扭曲变形、角变形、波浪形变形、弯曲变形(见图 3-2-1)。

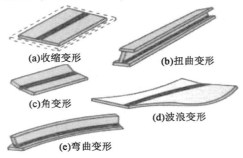

(a)收缩变形　(b)扭曲变形　(c)角变形　(d)波浪变形　(e)弯曲变形

图 3-2-1　焊接变形的几种形式

### 3. 矫正焊接变形主要有哪几种方法？

矫正焊接变形的方法主要有机械矫正法和火焰矫正法。

### 4. 什么是机械矫正法？

机械矫正法是指利用外力使构件产生与焊接变形方向相反的塑性变形，使两者互相抵消（见图3-2-2）。

图3-2-2　施工现场焊接变形机械矫正

### 5. 什么是火焰矫正法？

火焰矫正法是指对焊件适当部位进行局部加热，使之产生压缩塑性变形，冷却时该金属发生收缩，利用此收缩所产生的变形去抵消焊接引起的残余变形（见图3-2-3）。

### 6. 火焰矫正法的三个主要因素是什么？

加热位置、加热温度和加热区的形状是火焰矫正法的三个主要因素。

### 7. 预防和控制焊接变形的措施有哪些？

设计方面：

（1）选择合理的焊缝形状和尺寸；

图 3-2-3　施工现场焊接变形火焰矫正

（2）减少焊缝的数量；

（3）合理安排焊缝位置。

工艺措施：

（1）反变形法；

（2）刚性固定法；

（3）选择合理的焊接方法和焊接参数；

（4）选择合理的焊接顺序。

## 8. 什么是角变形？

由于焊缝截面形状上下不对称，焊缝收缩不均所致的变形称为角变形，如 V 形坡口对接焊后产生的变形（见图 3-2-4）。

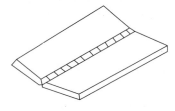

图 3-2-4　角变形

## 9. 什么是弯曲变形?

由于焊缝布置不对称,焊缝纵向收缩引起的变形称为弯曲变形。如焊接 T 形梁时产生的变形(见图 3-2-5)。

图 3-2-5　弯曲变形

## 10. 什么是扭曲变形?

由于焊接顺序和焊接方向不合理所致的变形称为扭曲变形,如焊接工字梁时产生的变形(见图 3-2-6)。

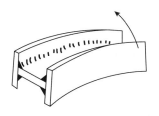

图 3-2-6　扭曲变形

## 11. 什么是波浪变形?

焊接薄板时,由于焊缝收缩使薄板局部产生较大压应力而失去稳定所致的变形称为波浪变形(见图 3-2-7)。

图 3-2-7　波浪变形

## 12. 什么是反变形法?

焊前使焊件具有一个与焊后变形方向相反、大小相当的变形,以便恰好抵消焊接时产生的变形,这种方法称为反变形法(见图3-2-8)。

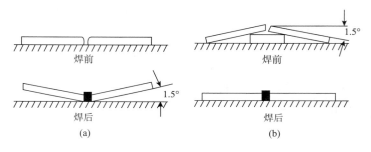

图3-2-8　平板对接焊时的反变形法

## 13. 什么是刚性固定法?

采用适当的方法来增加焊件的刚度或拘束度,可以达到减小其变形的目的,称为刚性固定法(见图3-2-9)。具体方法如下:

图3-2-9　大型储罐底板焊接前刚性固定

(1)将焊件固定在刚性平台上;

（2）将焊件组合成刚性度更大或对称的结构；

（3）利用焊件夹具增加结构的刚度和拘束；

（4）利用临时支撑增加结构的拘束。

## 14. 刚性固定法有什么优缺点？

刚性固定法的优点是加固后，可以自由施焊而不必考虑焊接顺序。缺点是只能减小变形，因为去除加固后，焊件仍有回弹的变形。

## 15. 怎样选择合理的焊接顺序？

大型而复杂的焊接结构，其对称结构上的对称焊缝，由多名焊工同时对称施焊，造成正反两方向变形获得抵消的效果（见图3-2-10）。

若不能同时施焊，用同样的焊接参数施焊时，先焊侧引起的变形比后焊侧大一些。

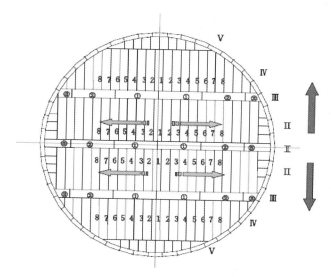

图3-2-10　大型储罐中幅板焊接顺序排版图

## 第二节　焊接应力及措施

### 1. 什么是焊接残余应力？

焊件冷却时，由于焊缝及近缝区压缩塑性变形的存在，其收缩量较大，从焊缝中心到板边缘，收缩量逐次减小。焊缝及近缝区压缩塑性变形区域被拉伸，产生拉应力，焊件温度低的部分产生压应力，这种应力就是焊接残余应力。

### 2. 消除焊接残余应力的方法有哪些？

（1）整体高温回火；（2）局部高温回火；（3）机械拉伸法；（4）温差拉伸法；（5）振动法。

### 3. 什么是加热减应法？

加热减应法是指焊接时加热那些阻碍焊接区自由收缩的部位（称为"减应区"），使之与焊接区同时膨胀和收缩，起到减小焊接应力的作用。该法在铸铁焊补中应用最多，也最有效。

### 4. 什么是局部高温回火？

局部高温回火是指只对焊缝及其附近的局部区域进行加热热处理的方法。

### 5. 什么是振动法？

振动法又称振动时效或振动消除应力法（VSR），是利用由偏心轮和变速马达组成的激振器，使结构发生共振，利用共振所产生的循环应力来降低内应力。

### 6. 调节与控制焊接残余应力的工艺措施有哪些？

（1）采用合理的焊接顺序；（2）降低焊缝的拘束度；（3）锤击焊缝；（4）加热减应法；（5）碾压法。

# 第三章 焊接检验

## 第一节 焊接检验常识

### 1. 什么是焊接检验?

焊接检验是对焊接工艺的验证过程,贯穿于整个焊接生产过程中。在不同阶段,焊接检验的目的也各不相同。按不同的焊接检验阶段,焊接检验可分为焊前检验、焊接过程中的检验和焊后检验。

### 2. 焊前检查包括哪些内容?

焊前检查内容一般包括:

(1)焊工是否了解焊接工艺卡的要求及内容。

(2)焊工合格项目及有效期。

(3)焊材是否符合焊接工艺要求。

(4)焊缝装配几何尺寸应符合工艺要求,坡口两侧内外表面20mm 范围内应无油污、锈蚀、尘土且应露出金属光泽。

(5)焊接设备应完好,稳定可靠,电流、电压表应指示灵敏。

(6)有预热要求的钢种,焊前必须预热,预热温度、宽度应符合规定。

(7)焊接环境应符合规定或有可靠的防护设施来避免风、

雨、雪、雾等影响。

（8）高空作业时，其脚手架搭设应稳定，位置应符合操作要求。

### 3. 焊接检验按检验的数量分类有哪几种？

（1）抽检　用随机抽样的方法检验局部焊缝质量，以评判或代表整个焊缝的质量，这种方法就称为抽检。就压力容器而言，被抽检的焊缝中，必须包括筒体纵缝和环缝的交叉部位，而且对全部焊缝来讲，要有代表性。抽检的比例一般由有关国家标准、规范或合同规定。

（2）全检　即对焊接产品的所有焊缝均进行检验。一般重要的压力容器，如三类压力容器和压力管道（如加氢裂化装置的临氢管线）的焊缝均被规定为全检。全检方法的焊接产品的可靠性（质量）比较高，但生产成本也较高。

### 4. 焊接过程检查包括哪些内容？

焊接过程检查内容一般包括：

（1）对道间温度有控制要求的焊缝，道间温度应控制在规定范围内。

（2）工艺要求清根的双面焊缝，清根打磨后，槽内不应有熔渣或氧化铁等不利于焊接的杂物；对强度级别高，易产生冷裂纹的低合金钢焊缝或设计要求层间渗透检测的焊缝，必须按规定进行检查并符合要求。

### 5. 焊后外观检查包括哪些内容？

（1）焊缝表面熔渣及两侧的飞溅物，必须清除干净。

（2）焊缝外观凡存在裂纹（包括热影响区）、未熔合、表面气孔、表面夹渣、表面凹陷、明显的弧坑，应打磨消除，打磨处的厚度应不低于母材设计厚度，否则应做补焊处理。

（3）因焊接电弧或工卡具拆除使母材损伤处，均应打磨或补焊使其圆滑过渡。

（4）焊接检验员作好外观检查记录并签名，同时应作好焊工号的书面记录。

### 6. 常用的焊接检验方法有哪几类？

常用的焊接检验方法分非破坏性检验和破坏性检验两大类。

### 7. 破坏性检验有哪些？

破坏性检验包括力学性能、化学分析、金相和焊接性试验。

生产前通过焊接性试验、焊接工艺评定试板验证；生产后通过产品试板对焊接接头进行破坏性检验。

### 8. 非破坏性检验有哪些？

非破坏性检验包括外观检验、无损检验、耐压试验和密封性试验等。检验对象可以是产品焊接接头，也可以是焊接试板。耐压试验和密封性试验的检验对象为产品整体或产品部件。

## 第二节　常用无损检验方法

### 1. 常用的无损检测方法有哪些？

无损检测方法主要包括射线（RT）、超声（UT）、磁粉（MT）、渗透（PT）等检测方法。

### 2. 对焊缝质量分级及各级焊缝不允许的缺陷有哪些？

NB/T 47013《承压设备无损检测》和 GB 3323《金属熔化焊焊接接头射线照相》根据缺陷的性质和数量将缺陷分为四级。

Ⅰ级：不允许有裂纹、未熔合、未焊透、条状夹渣；

Ⅱ级：不允许有裂纹、未熔合、未焊透；

Ⅲ级：不允许有裂纹、未熔合、未焊透（只在不带垫板的单面焊焊缝中允许）；

Ⅳ级：超过Ⅲ级者。

### 3. 什么是射线检测？

射线检测是利用 X 射线或 γ 射线在穿透被检物各部分时强度衰减的不同，检测被检物中缺陷的一种无损检测方法。其代号是RT（见图 3-3-1）。

图 3-3-1　RT 射线检测机

### 4. 射线检测的特点是什么？

射线照相法用底片作为记录介质，可以直接得到缺陷的直观图像，且可以长期保存；通过观察底片能够比较准确地判断出缺陷的性质、数量、尺寸和位置；射线照相法容易检出那些形成局部厚度差的缺陷；对气孔和夹渣之类缺陷有很高的检出率，对裂纹类缺陷的检出率则受透照角度的影响。

射线照相法适用于几乎所有材料，它对试件的形状、表面粗糙度没有严格要求（见图 3-3-2）。

### 5. 什么是超声波检测？

超声波检测是利用超声能透入金属材料的深处，并由一截面

图 3-3-2　施工现场 RT 射线检测

进入另一截面时，在界面边缘发生反射的特点来检查零件缺陷的一种方法。当超声波束自零件表面由探头通至金属内部，遇到缺陷与零件底面时就分别发生反射波束，在荧光屏上形成脉冲波形，根据这些脉冲波形来判断缺陷位置和大小。其代号是 UT（见图 3-3-3）。

图 3-3-3　施工现场 UT 超声波检测

## 6. 超声波检测的特点是什么？其适用的范围和要求有哪些？

超声波检测特别适合焊缝内裂纹、未熔合，对体积型缺陷也有较高检出率，其特点有：

(1)厚度基本不受限制；

(2)安全、方便、成本低；

(3)缺陷定性困难；

(4)奥氏体粗晶组织焊缝检测困难。

## 7. 什么是磁粉检测？

磁粉检测利用工件缺陷处的漏磁场与磁粉的相互作用，它利用了钢铁制品表面和近表面缺陷(如裂纹、夹渣等)磁导率和钢铁磁导率的差异，磁化后这些材料不连续处的磁场将发生崎变，使泄漏处工件表面产生了漏磁场，从而吸引磁粉形成缺陷处的磁粉堆积——磁痕，在适当的光照条件下，显现出缺陷位置和形状，对这些磁粉的堆积加以观察和解释，就实现了磁粉检测。磁粉检测不适用于没有磁性的材料，如奥氏体不锈钢。其代号是MT(见图3-3-4)。

图3-3-4 施工现场MT磁粉检测

## 8. 磁粉检测的特点是什么？其适用的范围和要求有哪些？

磁粉检测适用于检测坡口表面(夹层缺陷)、焊缝及附近表面裂纹(见图3-3-5)、厚焊缝中间检查(裂纹)、焊接附件拆除后检查表面裂纹，不适用于非铁磁性材料，如奥氏体钢、铜、铝等。其特点有：

(1)相对经济、简便；

(2)能确定缺陷位置、大小和形状，但难于确定深度；

(3)检测结果直观，易于解释。

图3-3-5 MT 磁粉检测的表面裂纹

## 9. 什么是渗透检测？

渗透检测是利用毛细现象检查材料表面缺陷的一种无损检验方法。其代号是 PT(见图3-3-6)。

图3-3-6 施工现场的 PT 着色检测

## 10. 渗透检测的特点是什么？其适用的范围和要求有哪些？

渗透检测适用于检测表面开口缺陷（裂纹、针孔），不适用于疏松多孔性材料。其特点有：

（1）相对经济、简便；

（2）能确定缺陷位置、大小和形状，但难于确定深度；

（3）检测结果直观，易于解释。

## 11. 什么是金相检验？

金相检验主要是检验焊缝及热影响区组织、晶粒度和观察各种缺陷，从而对焊接材料、工艺方法和焊接参数作出相应的评价。

## 12. 金相检验分为几类？

金相试验分为宏观金相检验和微观金相检验两大类。

（1）宏观金相检验是用低倍放大镜或目视检查焊缝一次结晶组织的粗细程度、熔池形状与尺寸以及各种焊接缺陷等。一般是在试板上截取横断面试样进行酸浸试验（见图3-3-7）。

牌号：40Cr
状态：860℃淬火600℃回火
浸蚀：3%硝酸酒精溶液
组织：回火索氏体

图3-3-7　宏观金相检验

（2）微观金相检验是在小于2000倍的光学（或电子）显微镜下

进行金相分析(见图3-3-8),以确定焊缝金属中的显微缺陷和金
相组织。

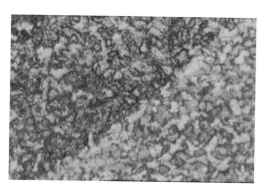

图3-3-8　微观金相检验(放大200倍)

# 第四章　焊接通病

## 第一节　常见焊缝缺陷及预防措施

### 1. 焊缝表面咬边产生原因及防治措施有哪些？

焊缝咬边如图 3-4-1 所示。

图 3-4-1　焊缝咬边

原因：电弧电压高；焊接电流大；焊接速度快；焊工操作技能差。

措施：焊前认真清理坡口及两侧；调整合适的焊接工艺参数；提高焊工操作技能；树立责任心。

## 2. 焊缝表面余高过大产生原因及防治措施有哪些?

焊缝余高过大如图 3-4-2 所示。

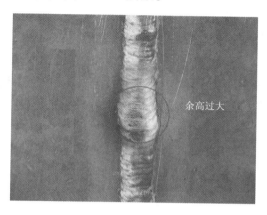

图 3-4-2　焊缝余高过大

原因:焊接过程中找平层焊肉较高;盖面时焊速较慢;焊工操作时,焊条角度不正确和摆动不当。

措施:找平层较焊缝表面低 1~2mm;盖面焊接时,电弧摆动要均匀,避免局部焊肉堆积;提高焊工技能水平。

## 3. 焊缝盖面收弧弧坑产生原因及防治措施有哪些?

焊缝表面弧坑如图 3-4-3 所示。

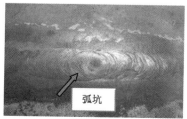

图 3-4-3　焊缝表面弧坑

原因：电流较大；焊接速度较慢；收弧时没有进行衰减灭弧或焊条画圈收弧。

措施：焊接电弧收弧时，电弧引导至坡口边缘熄弧；利用焊接电源衰减或连续灭弧形式熄弧，收弧接头应采用磨光机打磨圆滑过渡，避免收弧处应力集中。

## 4. 焊缝表面蛇形焊缝产生原因及防治措施有哪些？

蛇形焊缝如图 3-4-4 所示。

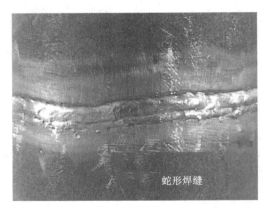

图 3-4-4　蛇形焊缝

原因：坡口组对时不规则；坡口边缘未找齐；焊接参数不合适或操作不当；焊工操作技能差。

措施：坡口组对时，严格检查坡口直边度、间隙、钝边符合标准要求；焊接时焊接参数适中，调整焊接速度；提高焊工操作技能；提高焊工责任心。

## 5. 焊缝根部凹陷产生原因及防治措施有哪些？

焊缝根部凹陷如图 3-4-5 所示。

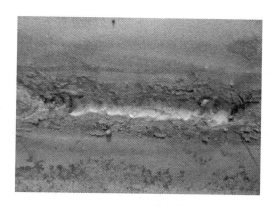

图 3-4-5　焊缝根部凹陷

原因：焊缝组对间隙小；钝边大；焊接参数小；焊工操作技能差。

措施：焊前认真清理坡口及两侧；检查坡口组对符合要求；调整合适的焊接工艺参数；提高焊工操作技能；增强责任心。

## 6. 焊缝根部未焊透产生原因及防治措施有哪些？

焊缝根部未焊透如图 3-4-6 所示。

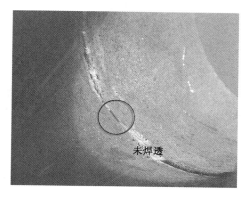

未焊透

图 3-4-6　焊缝根部未焊透

原因：焊缝组对间隙小；钝边大；焊接参数小；焊接速度快；焊工操作前没认真检查。

措施：焊前认真清理坡口及两侧；检查坡口组对合格；调整合适的焊接工艺参数和焊接速度；提高焊工操作技能；增强责任心。

### 7. 不锈钢根部焊缝氧化产生原因及防治措施有哪些？

不锈钢根部焊缝氧化如图3-4-7所示。

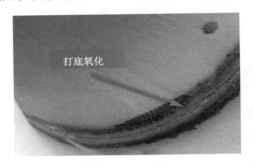

图3-4-7　不锈钢根部焊缝氧化

原因：不锈钢管腔内保护惰性气体浓度不能满足打底焊接要求；焊接参数较大；焊工操作水平差。

措施：焊前严格校对管腔内保护惰性气体浓度，保证满足焊接要求；调整合适的焊接工艺参数；提高焊工操作技能。

### 8. 打底焊缝焊瘤产生原因及防治措施有哪些？

打底焊缝焊瘤如图3-4-8所示。

原因：坡口组对间隙过大；钝边小；焊接参数大；焊接速度慢；焊工操作技能差。

措施：坡口组对时，严格检查坡口间隙、钝边符合标准要求；焊接时焊接参数适中；调整焊接速度及角度；提高焊工操作技能；提高焊工责任心。

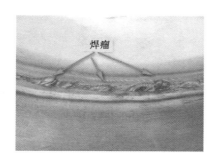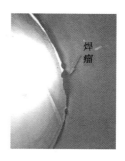

图3-4-8 打底焊缝焊瘤

## 9. 打底焊缝焊丝头产生原因及防治措施有哪些?

打底焊缝焊丝头如图3-4-9所示。

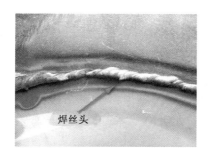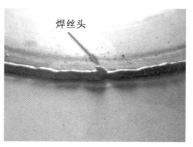

图3-4-9 打底焊缝焊丝头

原因：坡口组对间隙大；钝边小；焊接参数不合适；送丝角度不合适；焊工操作水平差。

措施：坡口组对时，严格检查坡口间隙、钝边符合标准要求；焊接时焊接参数适中；调整焊接速度和送丝角度；提高焊工操作技能；提高焊工责任心。

## 10. 焊缝表面夹渣缺陷产生的原因及防止措施有哪些?

焊缝表面夹渣缺陷如图3-4-10所示。

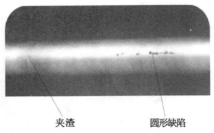

夹渣          圆形缺陷

图 3-4-10  夹渣缺陷

原因：焊缝组对尺寸不合理；焊接电流小；焊接速度快；焊工操作技能差。熔化焊接时的冶金反应产物，例如非金属杂质（氧化物、硫化物等）以及熔渣，由于焊接时未能逸出，或者多道焊接时清渣不干净，以至残留在焊缝金属内，称为夹渣或夹杂物。视其形态可分为点状和条状，其外形通常是不规则的，其位置可能在焊缝与母材交界处，也可能存在于焊缝内。

措施：焊前认真清理坡口及两侧；检查坡口组对合格；调整合适的焊接工艺参数；多道焊时认真清理，提高焊工操作技能；增强责任心。

# 第二节  焊缝缺陷实例分析及预防措施

## 1. 图 3-4-11 中焊缝存在哪些表面缺陷？

缺陷：焊缝附近擦伤；咬边；飞溅；凿痕；焊缝成型不良。

原因：焊接参数使用不当；焊工没有认真检查施焊；操作技能不佳；焊工责任心差。

措施：坡口焊前认真清理；调整合适的焊接工艺参数；提高

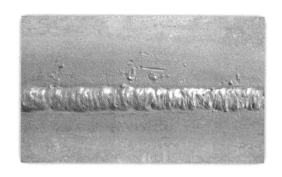

图 3-4-11

操作技术水平；增强责任心。

## 2. 图 3-4-12 中焊缝存在哪些表面缺陷？

图 3-4-12

缺陷：焊缝中违反规定添加钢筋、焊条等。

原因：坡口准备工作不足；坡口组对间隙大；坡口组对人员及焊工责任心差。

措施：认真做好坡口组对前清理和校对工作；提高坡口组对人员及焊工责任心；严格按照标准规范施工。

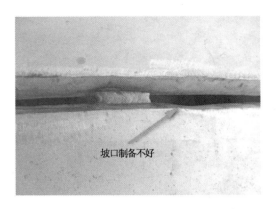

图 3-4-13

### 3. 图 3-4-13 中焊缝存在哪些缺陷？

缺陷：坡口准备工作不足；未按设计工艺制备坡口。

措施：认真做好坡口组对前清理和校对工作；提高坡口组对人员责任心；严格按照标准规范施工。

图 3-4-14

### 4. 图 3-4-14 中焊缝存在哪些缺陷？

缺陷：焊缝漏焊；未按工艺要求施焊。

措施：提高焊工责任心；严格按照标准规范施工。

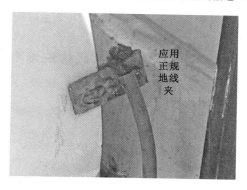

图 3-4-15

## 5. 图 3-4-15 中焊缝存在哪些缺陷？

缺陷：焊接地线使用不规范。

原因：没有严格执行规范要求；焊接人员责任心差。

措施：提高焊工责任心；更换规范焊接地线。

## 6. 分析图 3-4-16 射线检测底片缺陷产生原因及避免措施？

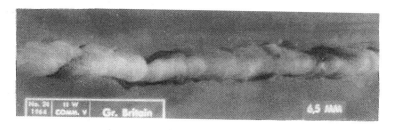

图 3-4-16

缺陷：焊缝表面咬边。

原因：电弧电压高；焊接电流大；焊接速度快；焊工操作技能差。

　　措施：焊前认真清理坡口及两侧；调整合适的焊接工艺参数；焊后检查焊缝表面，咬边处进行修补圆滑；提高焊工操作技能；树立责任心。

## 7. 分析图3-4-17射线检测底片缺陷产生原因及避免措施？

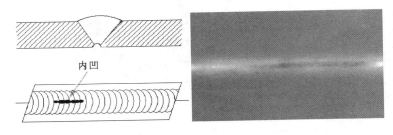

图3-4-17

　　缺陷：焊缝根部内凹。

　　原因：焊缝组对间隙小；钝边大；焊接参数小；焊工操作技能差。

　　措施：焊前认真清理坡口及两侧；检查坡口组对合格；调整合适的焊接工艺参数；提高焊工操作技能；增强责任心。

## 8. 分析图3-4-18射线检测底片缺陷产生原因及避免措施？

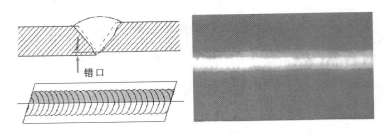

图3-4-18

缺陷：焊缝错口。

原因：焊缝组对时，没有严格按照标准执行。

措施：焊前认真清理坡口及两侧；检查坡口组成合格；提高焊工操作技能；增强责任心。

### 9. 分析图3-4-19射线检测底片缺陷产生原因及避免措施？

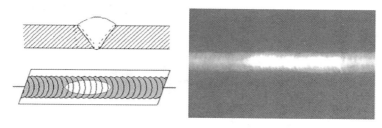

图3-4-19

缺陷：盖面焊缝过高。

原因：找平层焊接较高；盖面时焊速较慢；焊工操作技能差。

措施：找平层较焊缝表面低1~2mm；盖面焊接时，电弧摆动要均匀，避免局部焊肉堆积；提高焊工技能水平。

### 10. 分析图3-4-20射线检测底片缺陷产生原因及避免措施？

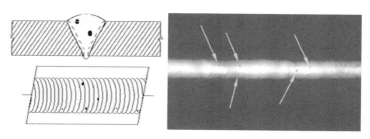

图3-4-20

缺陷：焊缝内气孔。典型的焊缝氢气孔缺陷。

原因：是由坡口表面油锈、污物、冷凝水，焊条烘干不彻底，天气潮湿等分解的氢导致。

措施：焊前严格清理坡口表面油锈、污物、冷凝水，焊条严格按照规范烘干，焊接环境采取防潮措施，不合格不得施焊，杜绝氢元素的来源。

## 11. 分析图 3-4-21 射线检测底片缺陷产生原因及避免措施？

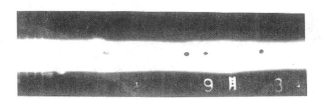

图 3-2-21

缺陷：焊缝内气孔。典型的焊缝氢气孔。

原因：是由坡口表面油锈、污物、冷凝水，焊条烘干不彻底，天气潮湿等分解的氢导致。

措施：焊前严格清理坡口表面油锈、污物、冷凝水，焊条严格按照规范烘干，焊接环境采取防潮措施，不合格不得施焊，杜绝氢元素的来源。

## 12. 分析图 3-4-22 射线检测底片缺陷产生原因及避免措施？

缺陷：焊缝内气孔。典型的焊缝氮气孔缺陷。

原因：焊条焊接时，电弧较高；气保焊时没有采取有效防风措施，空气中的氮进入焊接熔池，导致氮气孔。

措施：焊条焊时短弧焊接(电弧长度不超过焊条直径)；气保

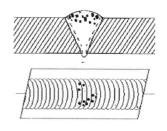

图 3-4-22

焊接时，焊前严格检查保护气带是否漏气，焊接环境采取防风措施，不合格不得施焊，杜绝氮元素的来源。

### 13. 分析图 3-4-23 射线检测底片缺陷产生原因及避免措施？

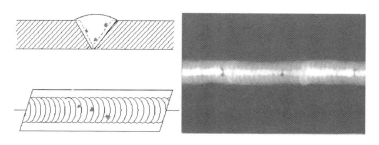

图 3-4-23

缺陷：焊缝内夹渣。

原因：焊缝组对尺寸不合理；焊接电流小；焊接速度快；焊工操作技能差。

措施：焊前认真清理坡口及两侧；检查坡口组成合格；调整合适的焊接工艺参数；提高焊工操作技能；增强责任心。

**14. 分析图 3-4-24 射线检测底片缺陷产生原因及避免措施？**

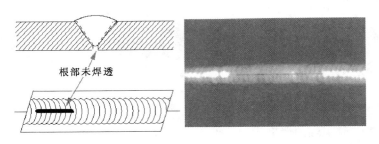

图 3-4-24

缺陷：焊缝根部未焊透。

原因：焊缝组对间隙小；钝边大；焊接参数小；焊接速度快；焊工操作技能差。

措施：焊前认真清理坡口及两侧；检查坡口组成合格；调整合适的焊接工艺参数和焊接速度；提高焊工操作技能；增强责任心。

**15. 分析图 3-4-25 射线检测底片缺陷产生原因及避免措施？**

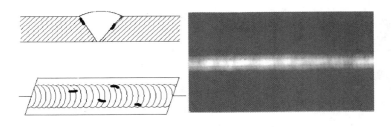

图 3-4-25

缺陷：焊缝内部未熔合。未熔合是指焊缝金属和母材或焊缝金属和各焊层之间未结合的部分。未熔合是一种面积型缺陷，应力集中比较严重，其危害性仅次于裂纹。

原因：坡口角度较小；焊接参数较小；层间清理不干净；焊工操作技能差。

措施：检查坡口组成合格；焊前认真清理坡口及两侧；焊接过程中认真清理焊接层道间；调整合适的焊接工艺参数；提高焊工操作技能；增强责任心。

## 16. 分析图3-4-26射线检测底片缺陷产生原因及避免措施？

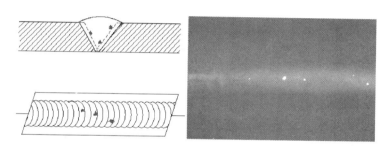

图3-4-26

缺陷：焊缝夹钨。由于钨元素密度较一般金属大，焊缝中的夹钨缺陷在RT底片中呈白点。

原因：焊接过程中，钨极和熔池接触，钨极在高温熔化到熔池中，形成夹钨；交流氩弧焊接时，钨极端部使用时间过长，或者偏置较大、频率较高，钨极端部容易呈喷射状熔入到焊缝中，形成夹钨。

措施：（1）交流氩弧焊接时，正确设置焊接参数；提高焊工操作技能，避免焊接时钨极接触熔池形成夹钨缺陷。

（2）延长氩弧焊气体滞后时间，防止钨极在高温下暴露在空气中氧化。

（3）起弧时在试板上预烧钨极，将氧化钨碎片清理干净后再进行正常焊接。

**17. 分析图 3-4-27 射线检测底片缺陷产生原因及避免措施？**

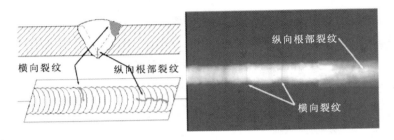

图 3-4-27

缺陷：焊缝裂纹。一般为冷裂纹。

原因：材料的淬硬倾向；焊接拘束应力大；焊缝中氢的聚集。

措施：焊前预热；焊后消氢处理，按照标准进行热处理；焊前认真清理坡口及两侧的油锈、冷凝水，杜绝氢元素的来源；焊接时采用小参数，多层多道焊，减轻焊接拘束应力。

**18. 分析图 3-4-28 射线检测底片缺陷产生原因及避免措施？**

图 3-4-28

缺陷：焊缝裂纹。一般为冷裂纹。

原因：材料的淬硬倾向；焊接拘束应力大；焊缝中氢的聚集。

措施：焊前预热；焊后消氢处理，按照标准进行热处理；焊前认真清理坡口及两侧的油锈、冷凝水，杜绝氢元素的来源；焊接时采用小参数，多层多道焊，减轻焊接拘束应力。

### 19. 分析图 3-4-29 射线检测底片缺陷产生原因及避免措施？

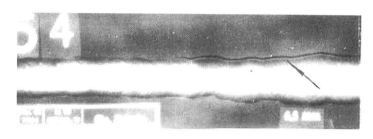

图 3-4-29

缺陷：焊缝裂纹。一般为冷裂纹。

原因：材料的淬硬倾向；焊接拘束应力大；焊缝中氢的聚集。

措施：焊前预热；焊后消氢处理，按照标准进行热处理；焊前认真清理坡口及两侧的油锈、冷凝水，杜绝氢元素的来源；焊接时采用小参数，多层多道焊，减轻焊接拘束应力。

### 20. 分析图 3-4-30 射线检测底片缺陷产生原因及避免措施？

缺陷：焊缝裂纹。典型的收弧裂纹（一般为热裂纹）。

原因：低熔点共晶；拉伸应力大；焊接参数过大；收弧没有温度衰减。

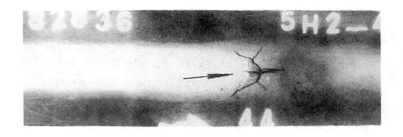

图 3-4-30

措施：焊前严格清理焊丝表面；严格清理坡口表面；焊接电弧收弧时电弧引导到坡口边缘熄弧；利用焊接电源衰减或连续灭弧形式熄弧，避免收弧处应力集中。

## 21. 分析图 3-4-31 射线检测底片缺陷产生原因及避免措施？

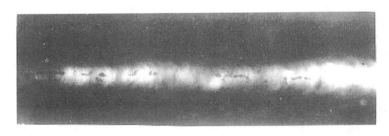

图 3-4-31

缺陷：焊缝内夹渣。焊接时的冶金反应产物以及熔渣，由于焊接时未能逸出，或者多道焊接时清渣不干净，以至残留在焊缝金属内，形成夹渣或夹杂物。

原因：焊缝组对尺寸不合理；焊接电流小；焊接速度快；焊工操作技能差。

措施：焊前认真清理坡口及两侧；检查坡口组成合格；调整

合适的焊接工艺参数；提高焊工操作技能；增强责任心。

**22. 分析图 3-4-32 射线检测底片缺陷产生原因及避免措施？**

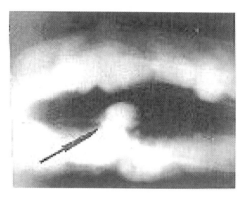

图 3-4-32

缺陷：根部焊缝焊瘤。

原因：坡口组对时，焊缝间隙大；钝边小；焊接参数大；焊工操作水平差。

措施：坡口组对时，严格检查坡口间隙、钝边符合标准要求；焊接时焊接参数适中；提高焊工操作技能；提高焊工责任心。

**23. 分析图 3-4-33 射线检测底片缺陷产生原因及避免措施？**

图 3-4-33

缺陷：焊缝中未熔合，焊缝表面咬边。

原因：坡口角度较小或不合适；焊缝层间清理不彻底；焊接参数较小；焊接层厚较大；盖面焊接时焊接参数较大；电弧摆动不均匀；焊工操作技能差。

措施：焊前严格校对坡口符合标准；焊缝层间严格清理；焊接参数适中；焊接层厚一般不超过 3～4mm；盖面焊接时焊接参数保持适中；电弧摆动要均匀；提高焊工操作技能；提高焊工责任心。

### 24. 分析图 3-4-34 射线检测底片缺陷产生原因及避免措施？

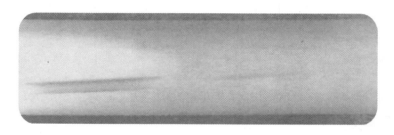

图 3-4-34

缺陷：砂轮片磨伤痕迹（疑似焊缝未熔合）。

原因：角向砂轮机修磨焊缝过度，焊缝表面留下印痕，疑似焊缝未熔合。

措施：角向磨光机修磨焊缝时，用力要适度。

### 25. 分析图 3-4-35 射线检测底片缺陷产生原因及避免措施？

缺陷：焊缝未熔合、夹钨、气孔。

原因：坡口角度较小或不合适；焊缝层间清理不彻底；焊接参数较小；焊接层厚较大；焊接过程中，钨极和熔池接触，钨极

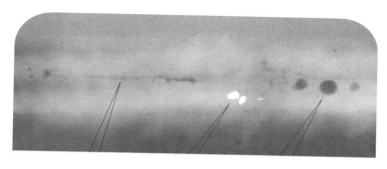

图 3-4-35

在高温熔化到熔池中，形成夹钨；焊工操作技能差。

措施：焊前严格校对坡口符合标准；焊缝层间严格清理；焊接参数适中；焊接层厚一般不超过 3~4mm；提高焊工操作技能；提高焊工责任心。

**26. 分析图 3-4-36 射线检测底片缺陷产生原因及避免措施？**

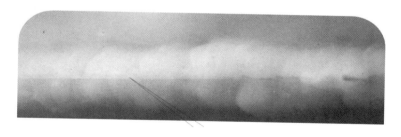

图 3-4-36

缺陷：焊缝中未熔合。

原因：坡口角度较小或不合适；焊缝层间清理不彻底；焊接参数较小；焊接层厚较大；焊工操作技能差。

措施：焊前严格校对坡口符合标准；焊缝层间严格清理；焊接参数适中；焊接层厚一般不超过 3~4mm；电弧摆动要均匀；

提高焊工操作技能；提高焊工责任心。

### 27. 分析图 3-4-37 射线检测底片缺陷产生原因及避免措施？

图 3-4-37

缺陷：焊缝中未熔合。

原因：坡口角度较小或不合适；焊缝层间清理不彻底；焊接参数较小；焊接层厚较大；焊工操作技能差。

措施：焊前严格校对坡口符合标准；焊缝层间严格清理；焊接参数适中；焊接层厚一般不超过 3～4mm；电弧摆动要均匀；提高焊工操作技能；提高焊工责任心。

### 28. 分析图 3-4-38 射线检测底片缺陷产生原因及避免措施？

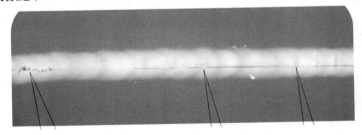

图 3-4-38

缺陷：焊缝根部未焊透、裂纹、气孔。

原因：焊缝组对间隙小；钝边大；焊接参数小；焊接拘束应力大；大量氢元素熔入到焊缝中形成气孔，并造成氢聚集，导致氢致裂纹；焊工操作技能差。

措施：焊前认真清理坡口及两侧；检查坡口间隙、钝边合格；调整合适的焊接工艺参数；提高焊工操作技能；增强责任心。

**29. 分析图3-4-39射线检测底片缺陷产生原因及避免措施？**

图3-4-39

缺陷：焊缝根部未焊透、裂纹、气孔。

原因：焊缝组对间隙小；钝边大；焊接参数小；焊接拘束应力大；大量氢元素熔入到焊缝中形成气孔，并造成氢聚集，导致氢致裂纹；焊工操作技能差。

措施：焊前认真清理坡口及两侧；检查坡口间隙、钝边合格；调整合适的焊接工艺参数；按照标准进行焊前预热、焊后消氢处理或热处理；提高焊工操作技能；增强责任心。

**30. 分析图3-4-40射线检测底片缺陷产生原因及避免措施？**

缺陷：焊缝根部未焊透、裂纹、气孔。

原因：焊缝组对间隙小；钝边大；焊接参数小；焊接拘束应

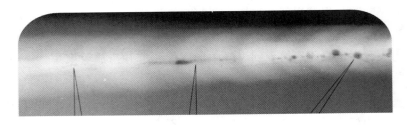

图 3-4-40

力大；大量氢元素熔入到焊缝中形成气孔，并造成氢聚集，导致氢致裂纹；焊工操作技能差。

措施：焊前认真清理坡口及两侧；检查坡口间隙、钝边合格；调整合适的焊接工艺参数；按照标准进行焊前预热、焊后消氢处理或热处理；提高焊工操作技能；增强责任心。

**31. 分析图 3-4-41 射线检测底片缺陷产生原因及避免措施？**

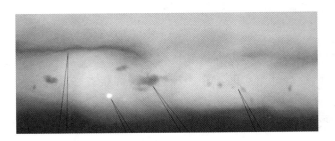

图 3-4-41

缺陷：焊缝根部未焊透、裂纹、夹钨、气孔。

原因：焊缝组对间隙小；钝边大；焊接参数小；焊接拘束应力大；大量氢元素熔入到焊缝中形成气孔，并造成氢聚集，导致氢致裂纹；焊接过程中，钨极和熔池接触，钨极在在高温熔化到熔池中，形成夹钨；焊工操作技能差。

措施：焊前认真清理坡口及两侧；检查坡口间隙、钝边合格；调整合适的焊接工艺参数；按照标准进行焊前预热、焊后消氢处理或热处理；提高焊工操作技能；增强责任心。

**32. 分析图 3－4－42 射线检测底片缺陷产生原因及避免措施？**

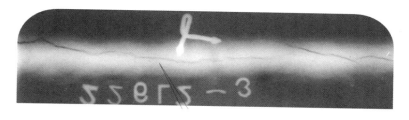

图 3－4－42

缺陷：焊缝裂纹。

原因：材料的淬硬倾向；焊接拘束应力大；焊缝中氢的聚集。

措施：检查焊接材料是否符合；焊前预热；焊后消氢处理，按照标准进行热处理；焊前认真清理坡口及两侧的油锈、冷凝水，杜绝氢元素的来源；焊接时采用小参数，多层多道焊，减小焊接拘束应力。

# 第四篇　安全管理

# 第一章　石油化工通用安全常识

## 1. 什么是特种作业？

特种作业是指在劳动过程中容易发生伤亡事故，对操作者本人尤其是对他人或生产设备的安全有重大危害的作业。

## 2. 有限空间场所焊接作业有哪些危险因素？

环境危险有：缺氧危险；易燃、易爆物；有毒有害物；局限空间内有转动构件。施工危险有：触电危险；脚手架及其使用隐患；防护器材及其使用缺陷；施工工具缺陷；焊接粉尘、高温危害（见图 4-1-1）。

图 4-1-1　有限空间作业

### 3. 个人防护用品有哪些作用？

个人防护用品为保护作业人员在劳动过程中安全和健康所需要、必不可少的防护用品。在各种焊接与切割中，要按规定佩戴防护用品，防止有害气体、焊接烟尘、弧光等对人体的危害。

### 4. 触电特别危险的环境有哪些？

潮湿（相对湿度大于75％）；有导电性粉尘；金属占有系数大于20％；炎热、高温气候；有导电性地板；人既有与电气设备金属外壳接触的可能，又有与其他导电性物质同时接触的可能。

# 第二章　焊接专业安全知识

### 1. 焊接作业过程中的有害因素有哪些？

焊接过程中的有害因素有：电、焊接弧光（包括紫外线、红外线以及可见光）、高频电磁场、热辐射、噪声及射线等物理性因素；电焊烟尘及焊接时产生的有毒气体等化学性因素。

### 2. 在焊接作业环境下，存在的危险有哪些？

对于一般作业环境，存在的危险有：触电、焊接产生的有毒气体、有害的粉尘、弧光辐射、高频电磁场、噪声、射线等对健康的影响。

### 3. 对电焊工的防护服有什么要求？

电焊工的防护服应用纯棉材料做成，有足够的长度，多制作成白色或浅色，有防静电的能力（见图4-2-1）。

图4-2-1　电焊工专用工作服

### 4. 焊接面罩的作用是什么？

焊接面罩的作用是防止焊接时的飞溅、弧光及其他辐射对焊工面部及颈部损伤（见图4-2-2）。

图4-2-2　电焊防弧光面罩

### 5. 焊接时弧光辐射的形成及危害有哪些？

弧光辐射的强度与焊接方法、焊接参数、施焊点的距离以及保护方法有关。各种明弧焊、保护不好的埋弧焊及处于造渣阶段的电渣焊都要产生外露电弧，形成弧光辐射。焊接弧光（包括紫外线、红外线以及可见光）来自焊接作业，其中不易被人立即察觉的紫外线对人体造成的危害最大（见图4-2-3）。

图4-2-3　电焊弧光

### 6. 焊接时产生的弧光是由哪几部分组成的？

焊接时产生的的弧光是由紫外线和红外线组成的。

### 7. 焊接时弧光中的紫外线、红外线可对人眼睛造成哪些伤害？

焊接时弧光中的紫外线可引起眼睛畏光、眼睛剧痛、电光性眼炎、眼睛流泪。红外线可造成白内障。

### 8. 避免弧光辐射的预防措施有哪些？

（1）为了预防电焊弧光对人体的危害，焊工在焊接时必须穿好表面平整、反射系数大的工作服，戴好手套、鞋盖，不允许焊工卷起袖口或穿短袖衣、敞开衣领从事焊接工作。工作裤穿上后要保证在蹲下时的足够长度，避免脚腕处裸露而被弧光灼伤。

（2）为了防护弧光对眼睛的伤害，焊工在焊接时必须佩带镶有特制滤光片的面罩。面罩上所镶的黑玻璃，黑度选择应按照焊接电流的强度来决定，同时也应考虑焊工的视力情况和焊接环境的亮度。

（3）为了预防焊工皮肤受到电弧伤害，焊工的防护服装应采用浅色或白色的帆布制成，以增加对弧光的反射能力。工作时袖口应扎紧，手套要套在袖口外面，领口要扣好、裤管不能打折、皮肤不得外露。

### 9. 焊接过程中产生的有害气体有哪些？

在各种熔焊过程中，焊接区都会产生或多或少的有害气体，主要有一氧化碳、臭氧、氮氧化物、金属蒸气、氟化物和氯化物等（见图4-2-4）。

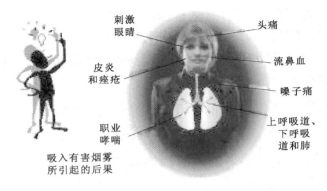

图4-2-4　焊接有害气体对人体的伤害

## 10. 什么是焊工尘肺?

焊工尘肺是指长期吸入超过规定浓度的粉尘所引起的肺组织弥散性纤维化的病症(见图4-2-5)。

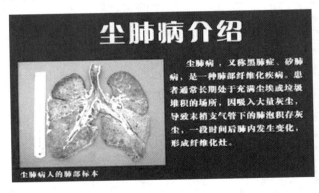

图4-2-5　尘肺病症

## 11. 焊条电弧焊焊接时, 容易产生氟化氢有毒气体的是什么焊条?

焊条电弧焊焊接时, 产生氟化氢有毒气体的焊条是低氢型碱性焊条(见图4-2-6)。

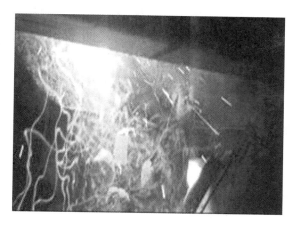

图 4-2-6　焊接时烟尘

## 12. 焊接作业用电有哪些特点？

手工焊焊机的空载电压限制在 90V 以下；机动焊、自动焊电源的空载电压为 70 ~ 90V；氩弧焊、熔化极气保焊的空载电压为 65V；等离子电源的空载电压高达 300 ~ 450V。所有焊接电源的输入电源为 220/380V，都是 50Hz 的工频交流电，因此触电的危险是比较大的。

## 13. 焊接时安全电压及潮湿环境下安全电压是多少？

焊接时安全电压为 36V，在潮湿环境下工作时安全电压为 12V。

## 14. 一般要求焊机的空载电压不得高于多少？

一般要求焊机的空载电压不得高于 100V。

## 15. 焊接操作造成触电有哪几种原因？

（1）直接触电

①更换焊条、电极焊接过程中，手或身体接触焊条、电焊钳

的带电部分，脚或身体与工件间无绝缘保护，或当人体大量出汗，或在阴雨天或潮湿地方进行焊接作业时，特别容易发生触电事故。

②在接线、调节焊接电流或移动焊机设备时，易发生触电事故。

③在登高焊接时，碰上低压线路或靠近高压电源线易发生触电事故。

（2）间接触电

①焊接设备的绝缘烧损、振动或机械损伤，使绝缘损坏部分碰到机壳，而人触碰机壳引起触电。

②焊机火线和零线接错，使外壳带电。

③焊接操作时人体碰上了绝缘破坏的电缆、胶木电闸带电部分等。

### 16. 焊接作业安全用电有哪些注意事项?

（1）焊工必须穿绝缘鞋，戴皮手套。

（2）焊工在拉、合电闸，或接触带电物体时，必须单手进行。

（3）绝对禁止在电焊机启动情况下，接地线和接手把线。

（4）焊接电缆软线（二次线）外皮烧损应更换检修再用。

（5）在容器内部焊接时，照明应采用 12V 安全电压，登高作业不准将电缆缠在焊工身上或搭在背上。

（6）保持通风。

### 17. 防止焊接触电的管理及措施有哪几方面?

（1）严格执行电焊工资质的管理，其培训、考核、取证、复审和人员的使用管理必须严格遵守国家相关规定。

（2）电焊工劳保用品，如工作服、绝缘鞋、绝缘手套、防护面具必须穿戴齐全，对破损的护具及时更换。在环境恶劣情况下施焊时应采取安全措施。

（3）在金属容器内（如管道、锅炉等）、金属结构内以及其他狭小场所焊接时，必须采取专门防护措施，以保证电焊工身体与焊件绝缘，必要时实行两人轮换工作制，或单独设立监护人员。

（4）严格按照电焊机的安全操作规程正确使用电焊机。

（5）电焊机的使用坚持"一机一闸一漏一箱"的原则，禁止多台焊机共享一个开关。

（6）电焊机在使用过程中不允许超载。焊接结束后，立即切断电源，盘好电缆线，清扫场地，确定无安全隐患后，方可离开。

### 18. 焊机安全使用时要注意哪些事项？

（1）焊机在接入电网时须注意电压应相匹配。

（2）焊接电缆和地线要有良好的绝缘性和柔性。

（3）多台焊机同时使用时，若需拆除某台，应先断电后再验电，在确认无电后方可进行工作。

（4）所有电焊机的金属外壳，都必须采取保护接地或接零。

（5）焊接的金属设备本身有接地、接零保护。

（6）多台焊机的接地、接零线不得串联接地。

（7）每台电焊机须设专用断路开关，并有与电焊机相匹配的过流保护装置。

（8）严禁使用管道、轨道及建筑物金属结构或其他金属物体串接起来作为地线使用。

（9）电焊机的一次、二次接线端应有防护罩，且一次接线端需用绝缘带包裹严密。

（10）电焊机应放置在干燥和通风的地方，露天使用时其下方应防潮且高于周围地面，上方应设雨棚和防砸措施。

### 19. 焊机在哪些情况下需要切断电源再操作？

焊机在进行改变焊机接头、改变二次线路、移动工作地点、检修焊机故障等操作时，必须在切断电源的情况下进行。

### 20. 焊接电流对人体有哪些伤害？

在焊接过程中，电流通过人体时，能引起电击、电伤和高频电磁场生理伤害等。

### 21. 对焊接电缆有何安全要求？

焊机用的软电缆线应采用多股细铜线电缆，电缆皮必须完整，绝缘良好，连接焊机与焊钳的软电缆线长度一般不宜超过 20～30m，禁止焊接电缆与油脂等易燃物料接触。电缆要根据工作使用电流选择截面积。

### 22. 焊接过程中高频电磁场对人体有哪些伤害？

主要是使人出现头晕、乏力、记忆力减退。所以焊接时，焊接操作人员应远离高频电磁场，避免高频电磁场对人体的伤害。

### 23. 长期接触噪声可对人的身体造成哪些危害？

长期接触噪声可引起噪声性耳聋及对神经系统、血管系统造成危害。

### 24. 焊接作业时引发的爆炸事故有哪几种？

(1)可燃气体的爆炸(距离爆炸物太近)。

(2)可燃气体或可燃气体蒸气的爆炸(在盛装易燃易爆容器上施焊)。

(3)可燃粉尘的爆炸(在有闪爆环境下施焊)。

(4)焊接直接使用可燃气体的爆炸(误将可燃气体作保护气体使用)。

(5)密封容器的爆炸(盛装易燃易爆气体的容器置换不彻底时

进行焊接作业）。

## 25. 发生燃烧必须具备哪三个条件？

可燃物质、助燃物质和着火源。

## 26. 气焊气割时能够引发火灾爆炸事故的原因有哪些？

气焊气割时能够引发火灾爆炸事故的原因有：

（1）气瓶温度过高；

（2）气瓶受到剧烈振动；

（3）可燃气体与空气或氧气混合比例不当；

（4）氧气与油脂类物质接触；

（5）工作地点距离易燃易爆物近，没有安全距离；

（6）气瓶本体受伤。

## 27. 火焰割炬的使用要注意哪几点？

（1）使用前，必须进行射吸能力检查，如射吸能力不强，或有氧气从乙炔接头中溢出，则必须进行检修。

（2）气路接通后，用肥皂水检查各管路接头、阀门的严密性（禁止用明火检查），如发现漏气，必须进行紧固、修整，否则不得使用。

（3）点火前，应先将胶管内留存的空气排净，再正式点火使用。

（4）点火时，应先开启乙炔阀，待火焰点燃后再开启氧气阀，进行火焰调整。

（5）熄火时，应先关闭乙炔阀，切断乙炔供给，再关闭氧气阀门，以防火焰逆燃和产生烟灰。

（6）发生回火时，应迅速关闭乙炔阀，接着关闭预热氧气阀，最后关闭切割氧阀门。

（7）停止使用后应先切断气源，并选择适当位置吊挂焊炬。

(8)焊、割炬的喷嘴发生堵塞时，应停止操作。

### 28. 在从事火焰切割作业时，氧气瓶和乙炔瓶工作间距应不少于多少？

火焰切割操作中氧气瓶距离乙炔瓶的距离不小于 5m，距离明火和热源不小于 10m。

### 29. 火焰切割采用氧气和乙炔气体时，可不使用减压器，直接连接气体胶管，是否正确？

这种说法是错误的。使用氧气和乙炔时为了保证能够得到正常的工作压力，必须加装减压器装置，乙炔瓶阀在减压器前端必须加装回火阻燃器，以免发生回火爆炸现象。

### 30. 在密封容器中进行焊割工作有哪些要求？

在密封的金属容器中施焊时，必须开设进出通风口；容器内照明安全电压不得超过 12V；焊工身体与容器壳之间应有绝缘材料隔开；施焊过程中，每隔 0.5～1h 外出 10～15min，并应设有专人现场监护。

### 31. 登高焊接切割作业需要采取哪些防护措施？

(1)登高焊割作业应根据作业高度及环境条件定出危险区范围。一般在地面周围 10m 内为危险区，严禁在作业下方即危险区内存放可燃、易燃物品及停留人员。在工作过程中应设有专人监护。作业现场必须备有消防器材。

(2)登高焊接作业人员必须戴好符合规定的安全帽，使用标准的防火安全带，穿防护胶鞋。安全带应挂牢。

(3)登高焊割作业人员应使用符合安全要求的梯子。梯脚需有防滑措施，与地面夹角应小于 60°，下端均应放置牢靠。使用人字梯时，要有限跨钩，不准两人在同一梯子上作业。登高作业的平台应带有栏杆，事先应检查，不得使用有腐蚀或机械损伤的

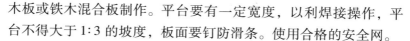

木板或铁木混合板制作。平台要有一定宽度，以利焊接操作，平台不得大于1:3的坡度，板面要钉防滑条。使用合格的安全网。

（4）登高焊割作业所使用的工具、焊条等物品应装在工具袋内，应防止操作时落下伤人。不得在高处向下抛掷材料、物件或焊条头，以免砸伤、烫伤地面工作人员。

（5）登高焊割作业不得使用带有高频振荡器的焊接设备。登高作业时，禁止把焊接电缆、气体胶管及钢丝绳等混绞在一起，或缠在焊工身上操作。在高处接近10kV高压线或裸导线排时，水平、垂直距离不得小于3m；在10kV以下的水平、垂直距离不得小于1.5m；否则必须搭设防护架或停电，并经检查确无触电危险后，方可操作。

## 32. 对进行焊接作业的工作区域要采取哪些防护措施？

（1）焊机、切割机具、钢瓶、电缆及其他器具必须放置稳妥并保持良好的秩序，使之不会对附近的作业或过往人员构成妨碍。

（2）焊接和切割区域必须有明显标志和必要的警告标志。

（3）为了防止作业人员或邻近区域的其他人员受到焊接及切割电弧的辐射及飞溅伤害，应使用不可燃或耐火屏板（或屏罩）加以隔离保护或形成焊接隔间。